高等院校艺术设计类专业
案例式规划教材

建筑装饰构造

主　编　汤留泉　何隆权
副主编　郭向民

华中科技大学出版社
http://www.hustp.com

内容提要

建筑装饰构造是艺术设计专业、建筑装饰专业入门课程，介绍针对性较强的建筑装饰构造内容。本书共分五章，分别介绍建筑装饰构造概述、楼地面装饰构造、墙面装饰构造、顶棚装饰构造和其他装饰构造。本书图文并茂，深入浅出，便于初学者掌握。本书适合作为大中专院校建筑设计、艺术设计和其他相关专业教材，也可作为建筑设计师、环境设计师的自学参考读物。

图书在版编目（CIP）数据

建筑装饰构造 / 汤留泉，何隆权主编．—武汉：华中科技大学出版社，2018.2

高等院校艺术设计类专业案例式规划教材

ISBN 978-7-5680-2686-4

Ⅰ．①建… Ⅱ．①汤… ②何… Ⅲ．①建筑装饰－建筑构造－高等学校－教材 Ⅳ．① TU767

中国版本图书馆 CIP 数据核字 (2017) 第 068157 号

建筑装饰构造
Jianzhu Zhuangshi Gouzao

汤留泉　何隆权　主编

策划编辑：金　紫
责任编辑：陈　忠
封面设计：原色设计
责任校对：张会军
责任监印：朱　玢
出版发行：华中科技大学出版社（中国·武汉）　电话：（027）81321913
　　　　　武汉市东湖新技术开发区华工科技园　邮编：430223
录　　排：华中科技大学惠友文印中心
印　　刷：湖北新华印务有限公司
开　　本：880mm × 1194mm　1/16
印　　张：9
字　　数：193 千字
版　　次：2018 年 2 月第 1 版第 1 次印刷
定　　价：39.80 元

前言

Preface

随着社会经济的发展和城市化进程的加快，建筑行业机会与风险并存，正经历着日新月异的变化，如何把握机会，避开风险，是广大建筑装饰从业人员共同面临的挑战。为应对新时代建筑行业的快速发展，知识的更新和人才的培养便成为当务之急。

如今，建筑装饰要求更加严格，装修从业人员需对建筑装饰构造进行更加深入的学习。本书从建筑装饰构造概述开始，对楼地面、墙面、顶棚等装饰构造进行详细的描述和讲解，让学习者能够快速学习到建筑装饰构造中的核心内容。

本书注重理论与实践相结合，融建筑装饰新材料、新技术、新工艺、新规范、新成果于一体，让学习者能学习到与时俱进的装饰知识。在学习过程中，学习者既可以通过装饰案例进行理论学习，也可以依据施工现场拍摄的图片进行实地操作，同时还可以培养自身的创新精神。

本书由汤留泉，何隆权担任主编，郭向民担任副主编。本书在编写中得到以下同事、同学的支持，感谢他们为此书提供资料。杨清、杨思彤、姚丹丽、姚欢、余飞、张春鹏、张刚、张航、张葳、张泽安、张慧娟、张颢、赵媛、周娴、朱嵘、朱莹。

编　者

2018 年 1 月

目录

Contents

第一章 建筑装饰构造概述

学习难度：★☆☆☆☆

重点概念：装饰设计重要性、安全耐久因素、饰面构造

章节导读

建筑装饰构造是指采用建筑装饰材料对建筑物表面及内部空间进行处理的做法。

建筑装饰构造是一门综合性的技术学科。它与建筑、艺术、结构、材料、设备、施工、经济等方面密切配合。它为建筑物提供合理的建筑装饰构造方案，既作为建筑装饰设计中综合技术方面的依据，又是实施建筑装饰设计至关重要的手段，而且它本身就是建筑装饰设计的组成部分。

第一节 建筑装饰构造设计的重要性

一、建筑装饰的重要性

随着人民生活水平的提高，人们对自己所处的建筑空间从质量上提出了更高的要求，要求环境美观、宜居舒适。建筑物经过装饰后，被赋予了各种鲜明的特征。建筑装饰工程是建筑工程中一个重要组成部分。

建筑装饰工程是建筑主体结构工程的配套工程，所涉及的建筑装饰材料品种繁多，所采用的构造方法细致而又复杂多样，装饰后所形成的效果在使用过程中是被人们直接观察到、感受到的。建筑物的外装饰对建筑总体形象及环境气氛的营造具有

图 1-1　客厅装饰设计

图 1-2　世博中国馆装饰设计

十分重要的作用。

建筑装饰水平的高低，是人们评价一个建筑物总体乃至其内部质量优劣的重要依据。优秀的建筑装饰设计及施工，能够完善一个建筑设计的总体构想，甚至弥补它的某些不足之处（图 1-1、图 1-2）；不合理的建筑装饰设计及施工，可能会完全改变一个建筑设计方案的初衷，作用会适得其反，影响建筑物的正常使用。

二、建筑装饰构造设计的重要性

建筑装饰构造设计是建筑装饰设计中的一个重要组成部分，是建筑装饰设计落到实处的细化处理，是设计构思转化为实物的技术手段。没有良好的、切合实际的建筑装饰构造设计方案，即使用最好的材料也不可能构成一个完美的空间。建筑装饰构造设计应该充分利用各种建筑装饰材料的有关特性，结合现有的施工技术，用合理的成本、有效的手法，来达到设计构思所要表达的效果。

小贴士

装饰手法决定效果

采用两种不同风格的装饰手法的建筑物可以获得截然不同的两种效果。如果说建筑主体工程构成了建筑物的骨架，那么通过装饰后的建筑物则形成了有血有肉的有机整体，最终以丰富、完善的面貌呈现在人们的面前。

第二节 建筑装饰构造设计的相关因素

建筑装饰构造设计是建筑装饰设计的最后一道工序。至此，建筑装饰设计构思将通过建筑装饰施工图的方式准确无误地表达出来（图 1-3）。在这一阶段，很多初步设计时未考虑的因素，如不同工种的协

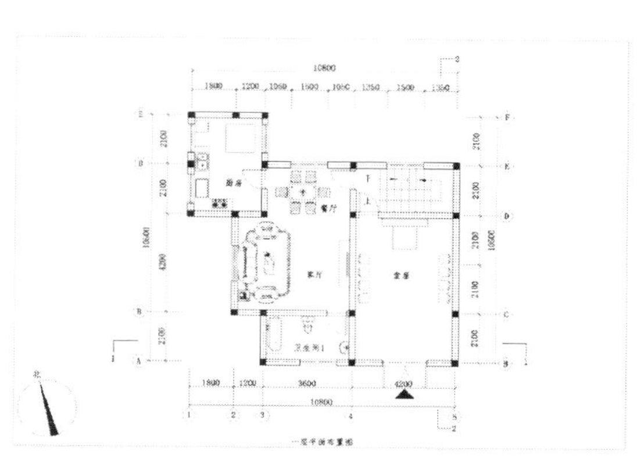

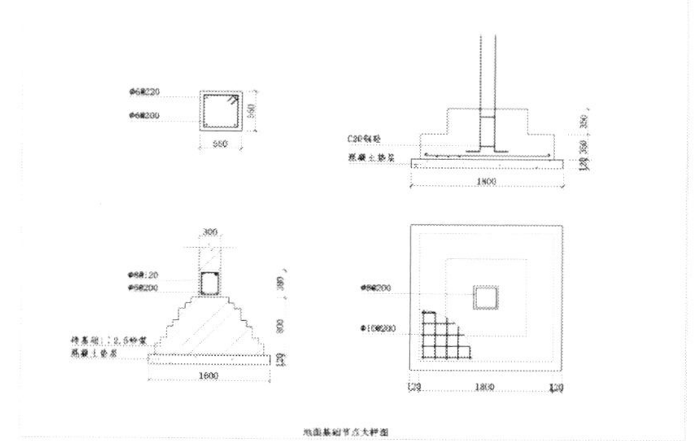

图 1-3　住宅建筑施工图

调、具体材料的选用、细部尺寸的量化、施工的方法等，都必须一一考虑在内。这是一项细致而又复杂的工作，设计人员必须具备相应的基础知识及实践经验。而建筑装饰构造设计最终成功与否，也必须通过实践来检验。许多建筑装饰工程交付使用时毫无破绽，但是时间一久，问题百出。例如，大厅的吊顶天棚由于基层处理不周而开裂，高级宾馆客房靠卫生间的一面墙壁因防潮处理不善而发霉等。因此，建筑装饰设计人员应该具有良好的职业道德，本着“客户至上”的原则，精心设计施工，坚决杜绝不负责任、敷衍了事的现象发生。

在进行建筑装饰构造设计时，应考虑下列相关因素。

一、功能性因素

1. 建筑空间的使用需求

建筑装饰构造设计应该把满足人们日常生活的需求放在首位。建筑物主要是供人使用的，如何创造一个既舒适又适用，同时还能给人以美感的空间环境，是建筑装饰构造设计的永恒课题。

当然，由于人类活动的多样化，人们会根据使用需求的不同来建造不同类型的建筑空间，这也就使建筑装饰变得多样化。大到各种类型的公共建筑，如餐厅、舞厅、展览厅、商场、酒店等，小到一个家庭中的房间，如卧室、起居室、卫生间、厨房等，装饰时都会根据其用途的不同而选用不同的装饰材料，并做不同的构造设计处理。同样是卧室，由于使用对象不同，也会有较大的差异。例如，老年人喜欢安详宁静的氛围，青年人喜欢现代气息，而儿童则喜欢五彩缤纷的世界。另外，由于每一个人的气质修养、民族文化背景、生活习惯不同，也都会对自己所处的环境提出相应的要求。使用需求对建筑装饰的这种影响在商业建筑中表现得非常明显（图 1-4、图 1-5）。

2. 保护建筑主体结构免损害

建筑是百年大计，如何延长建筑物的使用年限，从古到今都是人们所关心的问题。如果建筑主体结构直接暴露在空气中，木、竹等有机纤维材料就会由于微生物的侵蚀而腐朽，石块、砖就会风化，水泥制品就会疏松，钢铁配件就会由于氧化而锈蚀。所以，在建筑上常常采用油漆、抹灰等覆盖式的装饰构造进行处理。这

图 1–4　餐厅构造

图 1–5　商场构造

样，一方面能提高建筑防水、防火、防腐蚀、防酸、防碱的能力；另一方面，也可以防止建筑主体结构直接受到机械外力的破坏。在一些重点部位，还需要做特殊处理。例如，外墙地面处的勒脚，内墙近楼地面处的踢脚、墙裙，阳角处的护角线，窗台、门窗套等。当这些部位的覆盖层受到破坏时，可以不更换结构构件而直接重做装饰，也可使建筑物焕然一新。

3. 给人以美的享受

人类生活离不开建筑，建筑也是最为昂贵的消费品之一。从孩提时代开始，人们就会精心策划、描绘自己的家，这足以看出人们对美好家园的憧憬。建筑被誉为“凝固的音乐”，而建筑设计师正是创造优美乐章的人。可以说，建筑本身就是艺术品，是一件放大了的特殊艺术品。建筑艺术的特殊性主要表现在两个方面：一是建筑的实用功能；二是建筑的四维空间。所谓四维空间，就是加入时间的概念，人们可以随着时间的推移、视点的移动，从不同的角度和空间去欣赏一个建筑物（图 1–6）。建筑的这种艺术表现力被称为“建筑的精神功能”。建筑形象是功能、技术和艺术的综合体，它能反映出人们所处的时代和生活。建筑空间通过装饰可以营造

图 1–6　建筑的艺术之美

某种气氛或体现某种意境。例如，住宅是温馨的，办公楼是端庄严肃的，商业建筑应该是稳固而值得信赖的，娱乐场所则是欢快而又热烈的。建筑的室内外装饰设计，分别从不同的角度表达了设计师的意图，而装饰构造设计则是运用材料和技术手段将这些想法落到了实处。

由于建筑空间有内部空间和外部空间之分，所以建筑装饰也相应地分为内部装饰和外部装饰。由于各建筑装饰要求不同，限制性条件和出发点不同，它们从用料选择到细部构造的设计也不同。内部空间装饰因部位不同，主要可分为地面装饰、墙面装饰和天棚装饰。室外空间装饰的重点是对外墙立面的处理，同时还必须考虑屋顶、檐口、地面等处，使整个环境和谐一致。

当然，一座建筑物的室内外空间处理绝不能单纯地被割裂开来。例如，由于工期等原因，一个工程被分为若干块承包给不同的装饰公司，从设计开始就缺乏交流、沟通，最后整体效果欠佳，这是一种不可取的方法。相反，若能统筹兼顾，全盘考虑，从局部到整体，从外部空间到内部空间都精心设计，一气呵成，就会创造出较好的效果。

二、安全耐久性因素

建筑空间是人类自我保护、赖以生存的场所。如果没有安全保障，建筑的其他功能就会荡然无存。虽然建筑装饰可以不断更新，但是建筑物一旦竣工并投入使用后，要让它停止正常运转往往很不容易，会带来一定的经济损失。这一点对于一些重要的公共场所来说，尤为重要。所以，延长装饰使用的耐久性，对使用者来说具有非常重要的现实意义。

1. 建筑装饰材料的合理选择

根据使用部位和作用的不同，在选择不同强度和刚度的建筑装饰材料时，材料的性能必须安全可靠，有一定的耐久性。

2. 结构方案合理可靠

首先，必须处理好建筑装饰构造与建筑主体结构的关系。由于装饰所用的材料大多依附于建筑主体结构，所以必须先确定主体结构是否能承受这些附加荷载。例如，花岗石楼面的荷载要比普通木楼面大得多，如果主体结构设计时楼面荷载所留余地较小，就不能使用过重的装饰材料。

其次，必须将附加荷载通过合适的途径传递给主体结构。例如，对吊顶天棚、玻璃幕墙（图 1–7）等建筑装饰构造，在考虑选用什么材料做骨架，需要多大尺寸，以及如何与主体结构连接时，都必须通过计算做出合理安排。

最后，必须避免在装饰过程中对主体结构构件造成损坏。例如，随意拆除墙体、在楼面上加隔墙或在楼板上乱打孔洞等，都会在一定程度上破坏建筑主体结构。

3. 构造节点处理合理可行

为了保证建筑装饰的安全可靠、经久耐用，人们在长期的生产实践中，根据所使用材料的特性以及所处部位的不同，已经摸索出了许多行之有效的构造连接做法。这些做法经过科学分析，整理成书面资料后被推广应用，通常称为标准做法。建筑装饰设计人员在掌握其原理后，可以选用标准做法并加以改造，应用到具体工

图 1–7　玻璃幕墙

程中去。当然，标准做法不可能面面俱到，而且它本身也在随着建筑装饰业的发展而不断地得到改进和更替。例如，玻璃幕墙技术在我国直到 20 世纪 80 年代后期才开始被普遍采用。

构造节点处理的合理性建立在精心设计的前提之下。它需要设计人员在统筹全盘的基础上，对细节问题做出详尽的安排。例如，天棚与墙面交接处，墙面与地面交接处，各类变形缝处等。

4. 满足疏散、消防要求

首先，必须注意建筑装饰设计与建筑设计的协调一致。如果在建筑装饰设计中对建筑设计中的交通疏散、消防处理随意改变，可能会带来严重后果。例如，增加隔墙会减少疏散口或延长疏散通道，减少隔墙会增大防火分区面积，装饰处理会缩窄疏散通道或楼梯、移动或遮挡消防设备等，这些都会成为事故隐患。

其次，建筑装饰方案必须符合有关消防规范，并征得消防部门的同意。现代装饰特别是高档装饰，较多地使用了木材、装饰布、不锈钢等易燃或易导热的材料，故应按消防规范的要求采取调整或处理措施。

三、建筑装饰材料因素

建筑装饰材料是建筑装饰工程的物质基础，也是表现室内装饰效果的基本要素。丹麦著名设计师卡雷・克林特曾这样说：“用正确的方法去处理正确的材料，才能以率真和美的方式去解决人类的需要。”可以说，建筑装饰工程质量、效果、经济性及各种构造方法的选择，在很大程度上取决于对建筑装饰材料的正确选择及合理使用。

建筑装饰材料由于受产量、产地、加工难易程度和产品性能等诸多因素的影响，其价格档次不同。中低档价格的建筑装饰材料，普及率较高，应用广泛；高档价格的建筑装饰材料，特别是名贵建筑装饰材料，在装饰中一般起点缀作用，常用于视觉中心等重点部位。高档价格的建筑装饰材料运用的关键在于构思和创意，简单堆砌并不能形成一个好的建筑，相反会使人产生"暴发户"的联想；中低档价格的建筑装饰材料，只要运用得当、搭配合理，也能达到雅俗共赏的装饰效果。我国地大物博，各地区都有丰富的、独具特色的建筑材料。因此，利用产地优势就地取材，是创造建筑装饰特色、节省投资的好渠道。

目前，人工合成的建筑装饰材料层出不穷、大量涌现。由于它们具有性能优良、轻质高强、色泽丰富、易于加工、价格适中等诸多优点，因而应用十分广泛。这些种类繁多的人工合成建筑装饰材料，不仅给建筑装饰行业带来了广阔的发展前景，改变了原来品种单一的局面，同时也给建筑装饰设计师提供了更多的选择。另外，人工合成建筑装饰材料已部分取代了传统的天然材料，因而使有限的自然资源得以有计划地开采，同时也降低了造价。例如，各种拼花面砖和人造大理石等取代天然大理石；人造板材取代天然木材；塑料代替金属制品等。在外墙面装饰上，近年来国内较多地使用面砖和马赛克，而这些材料陈旧后不易更新，且质量大、运输成本高，制作时消耗大量好土，因此它们有可能逐步被外墙涂料取代(图 1–8)。

图 1–8　外墙面装饰用马赛克

建筑装饰材料的加工性能是建筑装饰构造设计的依据之一。建筑装饰材料的发展与更新，也带来了建筑装饰构造方法的变更。例如，各种胶黏材料、尼龙或金属膨胀螺栓可以代替传统预埋件、预留孔等复杂构造，从而大大简化了固定装饰的方法。

四、协调好各工种与构件之间的关系

建筑装饰过程可以说是对建筑空间的再创造过程。如今，建筑已经变得日益复杂，并且逐渐成为一个现代技术的综合体，其中充满着各种各样的现代化设备。尤其是一些大中型的公共建筑，它们的结构空间大、功能要求多、装饰标准高，各种设备之间的关系错综复杂。因此，建筑装饰的目的之一，就是要把各种设施有机地组织在一起。例如，给排水设施、采暖通风与空调设施、照明与各类用电设施、通讯设施等。建筑装饰设计师必须通过构造手法，处理好各种设施与装饰效果之间的关系，并且合理安排好各类外露部件，如出风口、灯具等的位置，采取相应的固定、连接措施，使它们与主体结构相辅相成、融为一体。

五、施工技术因素

建筑装饰施工是整个建筑工程中的最后一道主要工序，通过施工将构造设计构想变为现实。只有将细部构造交待清楚，施工操作才能准确无误。从另一个角度讲，施工也是检验构造设计合理与否的重要标准之一。因此，建筑装饰设计人员必须深入现场，通过观察实践，了解施工工艺和技术，并结合现实条件构思设计，才能形成行之有效的构造方案，避免不切实际和不必要的浪费。这对于保证工程质量、缩短工期、节省材料、降低总造价，具有十分重要的意义。

六、经济因素

建造、装饰房屋不是一件轻而易举的事情，它需要耗费大量的人力、物力和财力。由于建筑物的不同，其使用性质、使用对象、经济条件也会有所不同，使得不同单体的建筑装饰造价标准差异很大。这种差异，比起主体结构的土建造价之间的差异，要大得多。因此，如何掌握建筑装饰标准并控制整体造价，是建筑装饰设计人员必须考虑的问题。

当然，“少花钱、多办事”是最好的原则，装饰并不意味着多花钱和多用贵重材料。但是，节约也不是单纯地降低标准。正因为如此，建筑装饰构造不仅要解决各种不同建筑装饰材料的选择和使用问题，更重要的是在相同的经济条件和建筑装饰材料条件下，通过不同的构造处理手法，取得丰富的装饰效果，创造出令人满意的环境（图 1–9）。

序号	项目名称	单位	数量	单价	合计	材料工艺及说明
一	基础工程					
1	墙体拆除	m^2	10.90	60	654.00	卧室 3、厨房、卫生间拆墙，渣土装袋，人工、主材、辅料，全包
2	强弱电箱迁移	项	2.00	150	300.00	将现在所处于客厅沙发背面的强电箱与弱电箱全部迁移到门厅墙面，人工、主材、辅料，全包
3	门框、窗框找平修补	项	1.00	600	600.00	全房门套窗套基层修饰、改造、修补、复原，人工、主材、辅料，全包
4	卫生间回填	m^2	3.80	70	266.00	轻质砖渣回填，华新牌水泥砂浆找平，深 320mm，人工、主材、辅料，全包
5	窗台、阳台护栏拆除	m	4.40	35	154.00	卧室 1 卧室 2 窗台阳台护栏拆除，华新牌水泥砂浆界面修补，人工、主材、辅料，全包
6	落水管包管套	根	4.00	160	640.00	成品水泥板包管套，卫生间与厨房，人工、主材、辅料，全包
7	施工耗材	项	1.00	1000	1000.00	电动工具损耗折旧，耗材更换，钻头、砂纸、打磨片、切割片、脚手架梯、墨线盒、操作台、编织袋、泥桶、水桶水箱、扫帚、铁锹、劳保用品等，人工、主材、辅料，全包
	合计				3614.00	
二	水电隐蔽工程					

图 1–9　材料价格预算

小贴士

场景需求决定装饰构造

影剧院观众厅的内墙壁与顶棚的装饰通常是由其声学要求来决定的，不同的部位需要采用不同的装饰材料以及相应的装饰构造措施；电子计算机房，为了便于管道布线，通常将地面装饰成可拆装的活动夹层地板，但是地板必须进行防静电处理。

第三节
建筑装饰构造的类型

概括而言，建筑装饰构造可以划分为饰面构造和配件构造两大类。

一、饰面构造

饰面构造，又称“覆盖式构造”，是指覆盖在建筑构件表面，起保护和美化构件作用的构造。饰面构造保证了面层与基层的连接，在装饰构造中占有相当大的比重。例如，木墙裙与砖墙的连接，木楼面与钢筋混凝土楼板的连接，吊顶天棚与结构层之间的连接等，都属于此类问题。

1. 饰面构造与位置的关系

饰面总是附着于建筑主体结构构件的外表面。一方面，由于构件的位置和外表面的方向不同，使得饰面具有不同的方向性，构造处理也不同。例如，顶棚处于楼板、屋面板的下部，墙饰面处于墙的内外两侧，因此顶棚、墙面的饰面构造都具有防止脱落伤人的要求；地面饰面铺贴于楼地面结构层的上部，构造处理要求耐磨、易清洁等，如图 1-10 所示。另一方面，由于所处的部位不同，构造处理方法也会不一样。例如，大理石墙面要求采用钩挂式的构造方法，以保证连接牢靠；大理石楼地面由于处于结构层上部，一般不会构

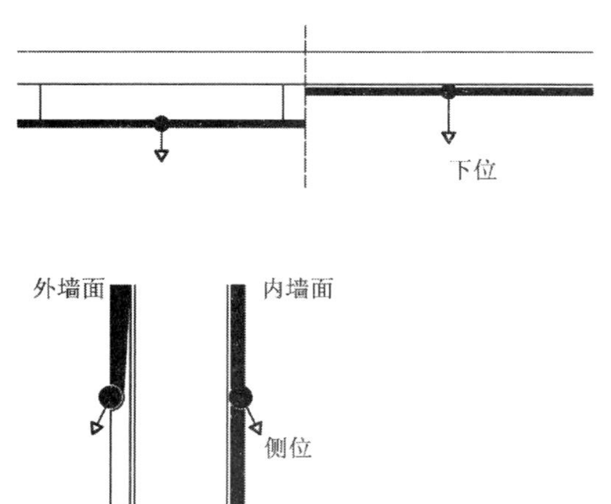

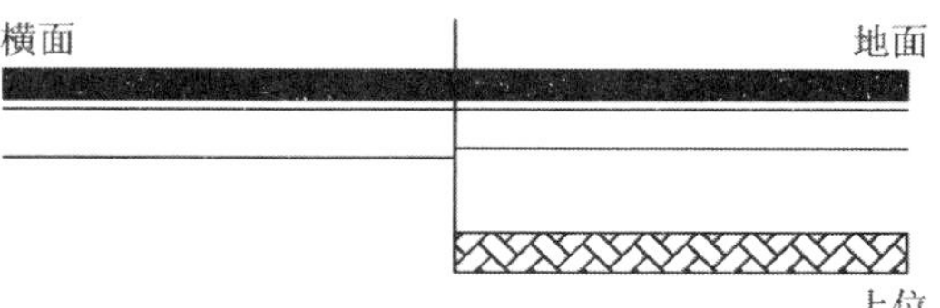

图 1-10　饰面部位构造要求

成威胁，采用铺贴式构造即可。因此，正确处理好饰面构造与位置的关系是至关重要的。

2. 饰面构造的基本要求

(1) 连接牢靠。

饰面层附着于结构层，如果构造措施处理不当，面层材料与基层材料膨胀系数不一致，黏结材料选择不当或受风化，都将会使面层剥落。饰面的剥落不仅影响美观和使用，还有可能伤人。因此，饰面构造首先要求装饰材料在结构层上必须附着牢固、可靠，严防开裂、剥落。

大面积现场施工抹灰面，如各种砂浆、水刷石、水磨石等，往往会由于材料的干缩或冷缩出现开裂，手工操作也容易形成色彩不匀、表面不平等缺陷。因此，在进行构造处理时，往往要在抹灰面加分隔条，使其分为大小合适的若干块，既方便施工，又利于日后的维修。

(2) 厚度与分层。

饰面构造往往分为若干个层次。由于饰面层的厚度与材料的耐久性、坚固性正相关，因而在构造设计时必须保证它具有相应的厚度。但是，厚度的增加又会带来构造方法与施工技术的复杂化，这就需要对饰面层进行分层施工或采取其他的加固措施。例如，抹灰类墙面的外抹灰层厚度平均为 15 ~ 25mm，内抹灰层厚度平均为 15 ~ 20mm。

为了保证抹灰牢固、表面平整，避免出现裂缝或脱落，便于操作，在标准较高的建筑装饰中，抹灰分底层抹灰、中层抹灰、面层抹灰三部分。底层抹灰主要起与基层黏结和初步找平的作用。在大量的民用建筑装饰中，一般只做底层抹灰和面层抹灰。

(3) 均匀与平整。

饰面的质量标准，除要求附着牢固外，还应该均匀、平整、色泽一致、清晰美观。要达到这些效果，从材料的选择到施工，必须严把质量关，严格遵循有关规范条例。

3. 饰面构造的分类

根据建筑装饰材料的加工性能和饰面部位的特点不同，饰面构造可分为罩面类饰面构造、贴面类饰面构造和钩挂类饰面构造三大类。

(1) 罩面类饰面构造。

罩面类饰面构造分为涂刷类饰面和抹灰类饰面。

①涂刷类饰面。涂刷类饰面又分为涂料饰面与刷浆饰面。涂料饰面是指将建筑涂料涂敷于建筑构配件表面，并能与基层材料很好地黏结而形成完整的保护面（又称"涂层"或"涂膜"）。目前，建筑涂料品种繁多，根据自然状态的不同可将其分为溶剂型涂料、乳液型涂料、水溶性涂料及粉末涂料等几类，在建筑装饰工程中，经常需要根据使用部位、基层材质、使用要求、施工周期及涂料特点等因素来分别选用。刷浆饰面是用水质涂料涂刷建筑物抹灰层或基层表面所形成的饰面（图 1–11）。

②抹灰类饰面。抹灰类饰面是大量的民用建筑物中用以保护装饰主体工程而采用的最基本的装饰手段之一（图 1–12），根据部位的不同可将其分为外墙抹灰、内墙抹灰和顶棚抹灰。抹灰砂浆的常见组成

图 1-11　涂刷类饰面

图 1-12　抹灰类饰面

成分有胶凝材料、细骨料、纤维材料、颜料、胶料及各类掺和剂等。

(2) 贴面类饰面构造。

贴面类饰面构造的施工方式有以下几种。

①铺贴。常用的各种贴面材料有瓷砖、面砖、陶瓷锦砖等。为加强黏结力，常在其背面开槽并用水泥砂浆粘贴在墙上；地面可用尺寸为 20mm×20mm 的小瓷砖至 500mm 见方的大型石板结合水泥砂浆铺贴(图 1-13)。

②裱糊。饰面材料呈薄片或卷材状，如粘贴于墙面的塑料壁纸、复合壁纸、墙布、绸缎等。地面粘贴油地毡、橡胶板或各种塑料板等，可直接贴在找平层上(图 1-14)。

图 1-13　铺贴

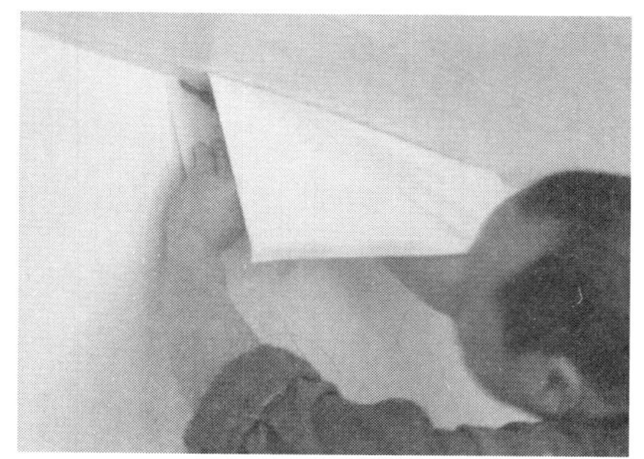
图 1-14　裱糊

③钉嵌。自重轻或厚度小、面积大的板材，如木制品、石棉板、金属板、石膏、矿棉、玻璃等，可直接钉固于基层或加助压条、嵌条、钉头等固定，也可用涂料粘贴(图 1-15)。

图 1-15　钉嵌

(3) 钩挂类饰面构造。

钩挂的方法有系挂和钩挂两种。系挂用于较薄的石材或人造石等材料，厚度为 20 ~ 30mm。在板材上方的两侧钻小孔，用铜丝、钢丝或镀锌铁丝将板材与结构层上的预埋铁件连接，板与结构间灌砂浆固定。

花岗石等饰面材料，如果厚度在 40 ~ 150mm，常在结构层包砌。饰面块材上口可留槽口，用与结构固定的铁钩在槽内搭住，这种方法称为钩挂。

二、配件构造

配件构造，又称“装备式构造”“型构造”，是指通过各种加工工艺，将建筑装饰材料制成装饰配件，然后在现场安装，以满足使用和装饰要求的构造。根据建筑装饰材料的加工性能，配件的成型方法包括以下三种。

1. 塑造与铸造

(1) 塑造。

对在常温常压下呈可塑状态的液态材料，经过一定的物理、化学变化过程的处理，使其逐渐失去流动性和可塑性而凝结成固体的方法称为塑造。

目前，建筑装饰上常用的可塑材料有水泥、石灰、石膏等。这一类材料取材方便，能在常温下发生物理、化学变化，还可与砂石等地方材料胶凝成整体。塑造时可根据使用要求，做成具有不同强度、不同色彩、不同性能（如防火、防水、吸声等）的预制构件。

(2) 铸造。

生铁、铜、铝等可熔金属常采用铸造成型的工艺，在工厂制成各种花饰、零件，然后到现场进行安装。

2. 加工与拼装

木材与木制品具有可锯、刨、削、凿等加工性能，还能通过粘、钉、开榫等方法拼装成各种配件。一些人造材料，如石膏板、碳化板、矿棉板、石棉板等，具有与木材相类似的加工性能与拼装性能。金属薄板（铝板、镀锌钢板、各种钢板网等）具有剪、切、割的加工性能，并兼有焊、钉、卷、铆的结合拼装性能。

3. 搁置与砌筑

水泥制品、陶土制品、玻璃制品等分散的块材，往往通过一些黏结材料相互搁置垒砌，并胶结成完整的砌体。建筑装

小贴士

铺贴需要专业技术

铺贴技术性极强，在辅助材料备齐、基层处理较好的情况下，一名施工员一天能完成 5 ~ 8m^2。陶瓷墙砖的规格不同、使用的黏结材料不同、基层墙面的管线数量不同等，都会影响到施工工期。施工中选用的材料优劣也会在一定程度上影响施工进度。

饰上常用搁置与砌筑构造的配件，主要有花格、隔断、窗台、窗套、砖砌壁橱、搁板等。

第四节 案例分析：现代建筑构造分析

一、介绍

现代建筑构造越来越体现创新精神，新颖、独特并且富有生机。随着城市化进程的加快，需要一些具有设计理念的建筑出现在城市当中，增添城市活力。

二、外观图

图 1-16 ~图 1-18 显示了不同类型建筑的外观。

图 1-16　建筑外观(一)

图 1-17　建筑外观(二)

三、建筑构造分析

图 1-19 ~图 1-22 显示了不同类型的建筑构造。以蜂巢式建筑物为例，蜂巢式建筑物能提高有效使用面积，它结

图 1-18　建筑外观(三)

图 1-19　建筑构造(一)

图 1-20　建筑构造(二)

图 1-21　建筑构造（三）

图 1-22　建筑构造（四）

构稳定、施工期短、工效高。建筑表面采用高温喷火处理后产生颗粒和爆裂效果。

四、总结

现代建筑的发展趋势是高度现代化。随着科学技术的发展，在建筑设计中采用一系列现代科技手段，使设计达到最佳声、光、色、形的匹配效果，使建筑空间实现高速度、高效率、高功能，创造出理想、舒适、安全、美观的空间环境。

思考与练习

1. 建筑装饰构造设计有何重要性?

2. 建筑装饰构造设计的相关因素有哪些?

3. 建筑装饰构造可分为哪两类?

4. 配件构造拼装工序中常用的结合构造法有哪些? 试举例说明。

第二章
楼地面装饰构造

学习难度：★★★☆☆

重点概念：楼地面组成、整体地面构造、踢脚板

章节导读

楼地面，是对楼层地面（简称楼面）和底层地面（简称地面）的总称。本章根据装饰材料的不同，将楼地面装饰分节进行详细讲解。要注意学习在何种装饰中用到何种材料的楼地面构造，掌握各种材料楼地面的功能和用途。

第一节 楼地面的功能、组成及分类

楼面与地面由于使用要求基本相同，在基本构造组成上又有很多共同之处，所以人们也常把楼面称为地面。但是，楼面与地面支撑结构的性质不同，因而它们又各有特点。楼板结构的弹性变形较小，地面承重层的弹性变形较大（图 2–1）。

图 2–1　楼地面装饰

一、楼地面的功能

1. 保护支体结构物

楼地面在一定程度上缓解了外力对结构构件的直接作用。对于地面而言，由于基层（一般为素土夯实）的抗集中荷载能力小，且易变形，为保证并提高地面基层的承重强度，还必须设置垫层。垫层是承受并传递地面上部荷载的必不可少的构造层。

从结构承重的角度上看，楼板的面层与地面的面层不尽相同，因此楼板的面层应尽量减轻自重。例如，砖、石块和混凝土板面层等，均不宜用作楼板面层。但是，楼板必须依靠面层来解决诸如耐磨损、防磕碰以及防止水渗漏引起楼板内钢筋锈蚀等问题。

2. 满足正常使用要求

人们使用房层的楼面和地面，因房间的不同而有不同的要求，一般要求坚固、耐磨、平整、不易起灰和易于清洁等。对于卧室和客厅等房间，要求面层具有较好的蓄热性和弹性；对于厨房和卫生间等房间，则要求有较好的耐火性和耐水性等。此外，对一些标准较高的建筑物以及特殊用途的空间，往往还会有其他更加严格的要求。

（1）隔声要求。

隔声主要是对楼面而言的。在居住建筑里，隔声要求根据经济条件及特殊要求而定。某些大型建筑，如医院、广播室、录音室等要求安静和无噪声。

隔声包括隔绝空气传声和固体传声两个方面，其中后者更为重要。一般来说，由上层房间传至下层房间的噪声，主要是楼层构件的固体传声。楼层构件的隔声量要求在 40 ~ 50dB 之间。

空气传声的隔绝方法，首先是避免地面有裂缝、孔洞，其次还可增加楼板层的容重，或采用层叠结构。层叠结构处理恰当，可以取得隔绝空气传声和固体传声的综合效果。

至于隔绝固体传声，首先应是防止在楼板上出现太多的冲击能量。在有特殊要求的公共建筑里，可利用富于弹性的铺面材料做面层（即“弹性地面”），如橡胶、软木砖、地毯等，使它吸收一些冲击能量；同时，在结构或构造上，也可采取间断的方式来隔绝固体传声。

（2）吸声要求。

在标准较高、使用人数较多的公共建筑中，有效地控制室内噪声具有积极的作用。一般来说，表面致密光滑、刚性较大的地面，如大理石地面等，对于声波的反射能力较强，基本上没有吸声能力；各种软质地面可以起到较好的吸声作用，如化纤地毯的平均吸声系数可以达到 55%。

（3）防水、防潮要求。

对于一些特别潮湿的房间，如浴室、卫生间、厨房等，如果防潮、防渗漏问题处理不好，不仅影响到自身的卫生和坚固性，也会给相邻房间的使用带来不利影响，所以要求楼面具有不透水性。因此，除支承构件采用钢筋混凝土外，还可设置具有防水性能的各种铺面，如水磨石、锦砖等。

（4）热工要求。

水磨石、大理石等地面的热传导性较高，而木地面、塑料地面的热传导性较低，在不采暖建筑中，一般楼层构造不考虑热工问题。但是，起居室、卧室等房间，从满足人们卫生需要和舒适要求的角度出发，无论楼面还是地面的铺面材料，均不宜采用蓄热系数过小的材料，如水磨石、缸砖、锦砖等。因为这些材料在冬季容易传导人们身体的热量而使人感到不适(图2–2、图2–3)。

在采暖或空调建筑中，当上、下两层温度不同时，应在楼地面垫层中放置保温材料，以减少能量损失，并使楼地面的温度与该房间的温度相差不超过规定的数值。

(5) 弹性要求。

当一个不太大的力作用于有一定弹性的物体(如橡胶板等)，反作用力要小于原来所施加的力。因此，一些装饰标准较高的建筑室内地面，如演出舞台和篮球比赛场等，应尽可能地采用具有一定弹性的材料作为地面的装饰面层，以使人产生安全感和舒适感。

图 2–2　木地板

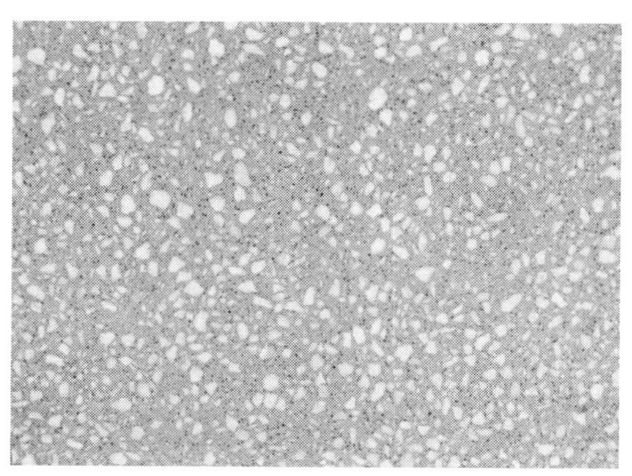

图 2–3　水磨石

至于一般的住宅、办公楼、教学楼等建筑，若因经济条件限制而不能采用弹性地面时，也应尽可能采用具有一定弹性的材料作为地面的装饰面层，这样会让人感觉舒适。

3. 满足一定的美观要求

楼地面装饰是装饰工程中的重点部位。楼地面的美观是由多方面的因素共同决定的。因此，必须考虑到诸如空间的形态，整体的色彩协调、装饰图案、质感效果、家具饰品的配套，人在空间中的活动规律、心理感受等因素。

室内地面因使用上的需要一般不做凹凸质感或线形。但铺陶瓷锦砖、水磨石、拼花木地板的地面或其他软地面，表面光滑平整而且又有独特的质感，能获得良好的装饰效果。

二、楼地面的组成

楼地面一般由基层、垫层和面层三部分组成(图2–4、图2–5)。

1. 基层

基层的作用是承受其上面的全部荷载，它是楼地面的基体。因此，基层要具备坚固、稳定的特点。地面的基层多为素土或加入石灰、碎砖的夯实土，应分层夯实，一般每铺300mm厚应夯实一次。楼面的基层是楼板。

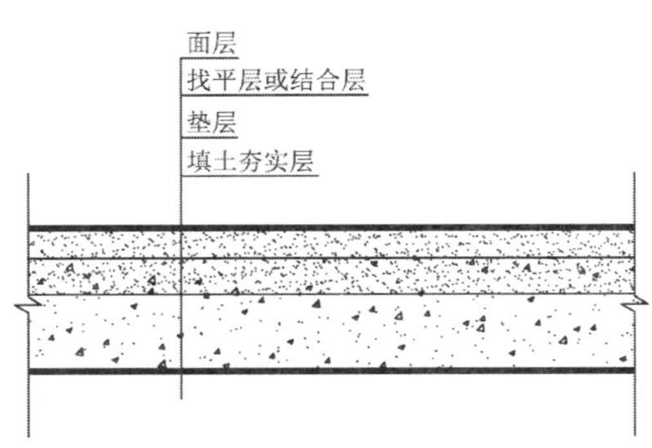

图 2-4 底层地面的组成

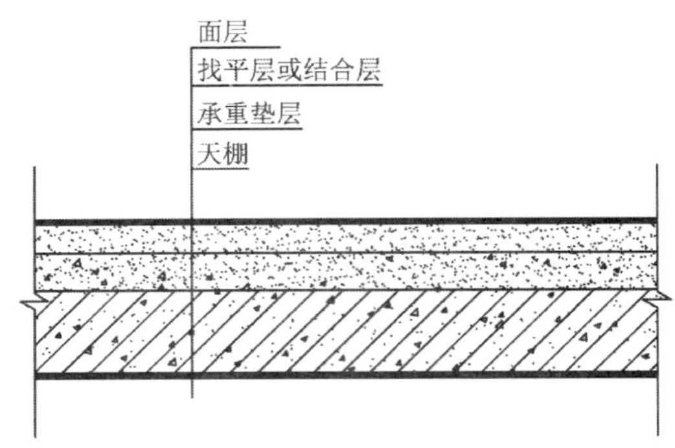

图 2-5 楼层地面的组成

2. 垫层

垫层位于基层之上、面层之下，是承受和传递面层荷载的构造层。楼层的垫层还具有隔声和找坡的作用。根据材料性质的不同，垫层分为刚性垫层和非刚性垫层两种。

刚性垫层的整体刚度大，受力后不产生塑性变形，刚性垫层一般采用 C7.5 ~ C10 混凝土。非刚性垫层整体刚度小，受力后会产生塑性变形，它一般由松散的材料组成，如砂、碎石、炉渣、矿渣、灰土等。

3. 面层

面层，又称“表层”或“铺地”，是楼地面的最上层。它是人们生产生活直接接触的结构层次，也是地面承受各种物理、化学作用的表面层。因此，根据不同的施工要求，面层的构造也各不相同。但是，无论何种构造的面层，都应具有耐磨、不起尘、平整、热工、隔声、防水、防潮等性能。

三、楼地面分类

楼地面可以根据其饰面层所采用材料的不同来命名和分类，如水泥地面、水磨石地面、大理石地面等。这种分类方法比较直观易懂，但由于材料品种繁多，因而显得过细、过多，缺乏归纳性。

楼地面也可以根据构造方法和施工工艺的不同来分类，可分为整体地面、块料地面、木地面和人造软制品地面等。例如，现浇水磨石地面属于整体地面，而预制水磨石板材地面则属于块料地面。

第二节
整体地面的装饰构造

一、水泥地面

水泥地面构造简单、坚固、能防水、造价较低，在一般的民用建筑中采用较多。但是，水泥地面的吸热系数大，冬天感觉冷，在空气相对湿度较大时容易产生凝结水，而且表面易起灰，不易清洁。

水泥地面最简单的做法为“随捣随抹光法”，是在混凝土垫层浇好后，用铁辊压浆，待水泛到表面时再撒干水泥，然后用铁板抹光。这种做法很经济，但是水泥表面较薄，容易磨损。

水泥地面经常采用的做法是在结构层上抹水泥砂浆，一般有双层和单层两种。双层的做法：用 15 ~ 20mm 厚 1:3 水泥砂浆打底做结合层，面层用 5 ~ 10mm 厚 1:1.5 水泥砂浆抹面。单层的做法：只在

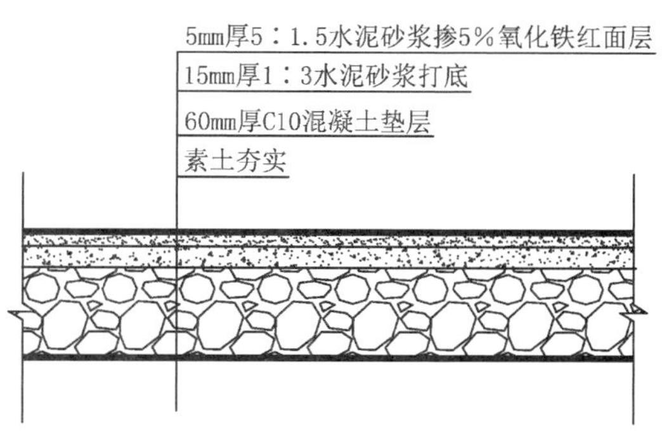

图 2-6　矾红水泥地面构造

基层上抹一层 15 ~ 20mm 厚 1:2.5 水泥砂浆，抹平后待其终凝前，再用铁板抹光。双层的施工虽较复杂，但开裂较少。

在水泥中掺入一些颜料，可以做成不同颜色的地面，但是由于普通水泥本身呈灰色，因而做出的地面颜色都较深。

图 2-6 所示为掺有氧化铁红的矾红水泥地面的构造。

一些有防滑要求的水泥地面，可将面层做成各种纹样的粗糙表面。这种地面称为防滑水泥地面。

二、现浇水磨石地面与现浇美术水磨石地面

1. 现浇水磨石地面

水磨石地面又称磨石子地面，它是将天然石料 (大理石或中等硬度的石料，如白云石等) 的石屑，用水泥浆拌和在一起，抹浇结硬后再经磨光、打蜡而成的。

水磨石地面具有与天然石料近似的耐磨性、耐久性、耐酸碱性，表面光洁，不易起灰，有良好的抗水性，并且导热性强，比水泥地面更易反潮。水磨石地面常用于厕所、厨房或公共的门厅、过道、楼梯等处。

现浇水磨石地面的构造，一般分为两层：底层用 12 ~ 20mm 厚 1:4 ~ 1:3 水泥砂浆找平打底，面层由 85% 的石屑和 15% 的水泥浆构成 (图 2-7)。现浇水磨石地面的厚度随着石子粒径的变化而变化。当石子粒径为 4 ~ 12mm 时，其厚度为 10 ~ 15mm；当石子粒径在 12mm 以上时，厚度也随之增加。另外，现浇水磨石地面也可用大于 30mm 的石粒，甚至用破碎大理石构成不同风格的花纹。水磨石面层不得掺砂，否则容易出现孔隙。

2. 现浇美术水磨石地面

美术水磨石是采用白水泥加颜料，或彩色水泥与大理石屑制成的。由于所用石屑的色彩、粒径、形状、级配不同，可构成不同色彩、纹理的图案，既可以用白水泥、彩色石粒，也可以用彩色水泥和彩色石粒。由于美术水磨石质地均匀稳定，加

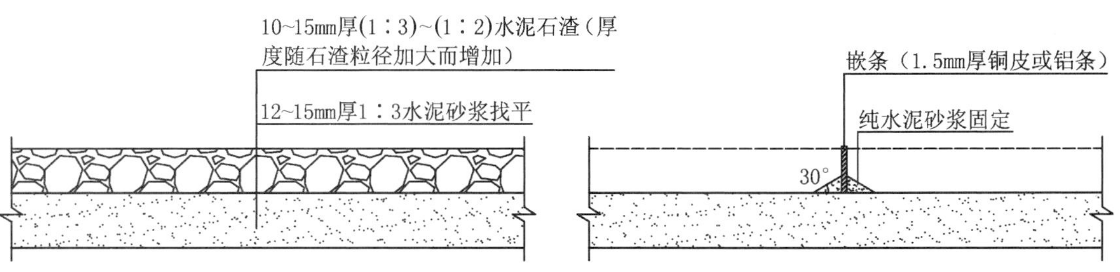

图 2-7　现浇水磨石楼地面构造

工简便，价格低于天然石，所以常常代替大理石而作为公共建筑中人流较多的门厅地面或墙面装饰。

现浇美术水磨石地面是在施工现场进行拌料、浇抹、养护和磨光而成的。现浇时，采用嵌条进行分格，可选用 2 ~ 3mm 厚的铜条、铝条或玻璃条，分格大小随设计而异，亦可按设计要求做成各种花纹或图案；同时，要注意防止因温度变化而产生不规则裂缝。

3. 现浇水磨石地面与现浇美术水磨石地面的优缺点

现浇水磨石地面与现浇美术水磨石地面的优点如下：厚度小，自重轻，分块自由，造价低。

现浇水磨石地面与现浇美术水磨石地面的缺点如下：现场工期长，劳动量大。

三、菱苦土地面

菱苦土的主要成分是氧化镁。把菱苦土轧成粉末后用氯化镁溶液来调配，即可制作菱苦土地面。

菱苦土地面是用菱苦土、木屑、氯化镁溶液、滑石粉及矿物颜料掺配后铺抹在垫层上，经压光、养护、磨光、打蜡而成的。菱苦土与木屑之比为 1:2，厚度为 12 ~ 15mm，如采用分层做法时，上层厚度应为 8 ~ 10mm，下层厚度应为 12 ~ 15mm，下层菱苦土与木屑之比为 1:4。菱苦土地面分为单层、双层和预制块三种(图 2-8)。

菱苦土地面应采用刚性垫层，一般情况下可采用混凝土垫层。楼层面层采用菱苦土地面时，可以直接铺在钢筋混凝土楼板上；若是楼板面不平时，可用 1:3 水泥砂浆做找平层，然后再在其上铺菱苦土面层。

菱苦土地面保温性能较好，有一定弹性，耐火，不导电，不易起尘，而且具有能钉、易施工等优点，适用于人们经常活动的房间以及有弹性要求的房间。但是它不耐水且不耐高温，故不宜用在有水或各种液体经常作用及地面温度经常处于 36℃以上的房间。

菱苦土本身呈微黄色，所以地面可做成红色、黄色，地面制作好待硬化稳定后，用磨光机磨光打蜡，十分光洁美观。但是，由于其中的氯离子可起漂白作用，故容易褪色。

菱苦土地面制作较困难，并且不容易保证质量，因此应用范围不广。

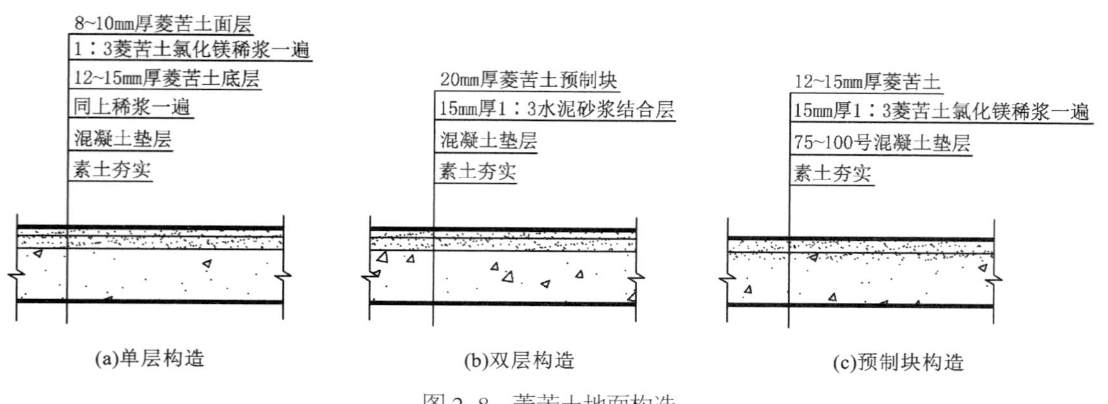

图 2-8　菱苦土地面构造

小贴士

为了提高水泥地面的耐磨性和光洁度，通常用干硬性水泥作原料，有的还用磨光机磨光或者另以石屑作骨料，即水泥石屑地面（又称“瓜米石地面”或“豆石地面”）。此外，还可以在一般水泥地面上涂抹氟硅酸或氟硅酸盐溶液，称为“氟化水泥地面”；也可涂一层塑料涂料，如过氯乙烯涂料等。

第三节
块料地面的装饰构造

块料地面，是指用胶结材料将预加工好的板块状地面材料，如预制水磨石板、大理石板、花岗石板、缸砖、陶瓷锦砖、水泥砖等，用铺砌或粘贴的方式，使之与基层连接固定所形成的地面。它具有花色多、品种全、经久耐用、易于保持清洁等优点，但是通常又具有造价偏高、工效偏低等缺点。

块料地面属于中高档装饰，目前在我国应用十分广泛。但是，在应用中应注意这类地面是刚性地面，不具有弹性、保温、消声等性能。因此，虽然块料地面的装饰等级比较高，但是必须要根据其材质特点来使用。

块料地面通常用于人流较大，对耐磨损、清洁度等方面要求较高的场所。一般来说，块料地面除不宜用在南方较炎热的地区外，另不宜用于居室、宾馆客房，也不适宜用于人们要长时间逗留、行走或需要保持高度安静的地方。

块料地面要求铺砌和粘贴平整，一般胶结材料既起胶结作用又起找平作用，也有先做找平层再做胶结层的。常用的胶结材料有水泥砂浆、沥青玛蒂脂等，也有用砂或细炉渣作为结合层的。

一、陶瓷锦砖地面

陶瓷锦砖（俗称“马赛克”）地面，是由一种小瓷砖镶铺而成的地面。根据它的花色品种，可以拼成各种花纹，又名锦砖。这种砖表面光滑、质地坚实、色泽多样，比较经久耐用，并且耐酸、耐碱、耐火、耐磨、不透水、易清洗。陶瓷锦砖经常被用于卫生间、厨房、实验室等处。

“马赛克”的形状较多，以正方形居多，边长为 15 ~ 39mm，厚度为 4.5mm 或 5mm。在工厂内预先按设计的图案拼好，然后将其正面粘贴在牛皮纸上，成为 300mm × 300mm 或 600mm × 600mm 的大张，块与块之间留有 1mm 的缝隙。

在施工时，先在基层上铺一层 15 ~ 20mm 厚的 1:4 ~ 1:3 水泥砂浆，将拼合好的“马赛克”纸板反铺在上面，然后用滚筒压平，使水泥砂浆挤入缝隙。待水泥砂浆初凝后，用水及草酸洗去牛皮纸，最后剔正，并用白水泥浆嵌缝即成。

此外，“马赛克”也可用沥青玛蒂脂粘贴，但是很容易把“马赛克”表面弄脏，因此施工时必须留心。

二、陶瓷地面砖地面

陶瓷地面砖，是用瓷土加上添加剂经制模成型后烧结而成的。它具有表面平整细致、质地坚硬、耐磨、耐压、耐酸碱、吸水率小、可擦洗、不脱色、不变形、色彩丰富、色调均匀、可拼出各种图案等特点。新型的仿花岗岩地砖，还具有天然花岗岩的色泽和质感，经削磨加工后，表面光亮如镜，而且面砖的尺寸精度高，边角加工规整，因而是一种高级瓷砖地面材料。

陶瓷地面砖不仅通用于各类公共场所，而且也逐步被引入家庭地面装饰。经抛光处理的仿花岗岩具有华丽高雅的装饰效果，可用于中高档室内地面装饰。陶瓷地面砖的性能及适用场合见表 2-1。

表 2-1 陶瓷地面砖的性能及适用场合

品　　种	性　　能	适 用 场 合
彩釉砖	吸水率不大于 10%，炻器材质，强度高，化学稳定性、热稳定性好，抗折强度不小于 20MPa	室内地面铺贴，以及室内外墙装饰
釉面砖	吸水率不大于 22%，精陶材质，釉面光滑，化学稳定性良好，抗折强度不小于 17MPa	多用于厨房、洗手间
仿石砖（包括广场砖）	吸水率不大于 5%，质地酷似天然花岗岩，外观似花岗石粗磨板或剁斧板。具有吸音、防滑和装饰功能，抗折强度不低于 25MPa	室内地面及外墙装饰，庭园小径地面铺贴及广场地面
仿花岗岩抛光地砖	吸水率不大于 1%，质地酷似天然花岗岩，外观似花岗石抛光板，抗折强度不低于 27MPa	宾馆、饭店、剧院、商业大厦、娱乐场所等室内大厅走廊的地面、墙面
瓷质砖	吸水率不大于 2%，烧结程度高，耐酸耐碱，耐磨程度高，抗折强度不小于 25MPa	人流量大的地面、梯级铺贴
劈开砖	吸水率不大于 8%，表面不挂釉的，其风格粗犷，耐磨性好；有釉面的则花色丰富，抗折强度不小于 18MPa	室内外地面、墙面铺贴，釉面劈开砖不宜用于室外地面
红地砖	吸水率不大于 8%，具有一定吸湿防潮性	地面铺贴

小贴士

新型锦砖铺装

新型锦砖是指表面没有粘贴保护纸的锦砖，其背面粘贴着透明网，铺贴方法与普通的墙面砖一致，直接上墙铺贴即可。新型锦砖多与普通墙面砖搭配铺装，在铺装基础上应当预先采用水泥砂浆找平，将铺装界面基层垫厚，再采用粘接剂或硅酮玻璃胶将锦砖粘贴至界面上，最后将填缝剂擦入锦砖缝隙，待干后将表面清洗干净。新型锦砖铺装后表面不需要揭网或揭纸，其中小块锦砖就不会随意脱落，提高了施工效率与施工质量。新型锦砖的花色品种也很丰富，价格也随之上涨，适用于局部构造点缀装饰。此外，还可以根据需要选购仿锦砖纹理的墙面砖，其图样纹理与锦砖类似。

陶瓷地面砖分无釉哑光、彩釉抛光两大类。它的形状也很丰富，以正方形与长方形比较多见。正方形的边长为150 ~ 300mm，厚度为8 ~ 15mm，砖背面有凹槽，使砖块能与结构层黏结牢固。房间四周踢脚板可用陶瓷地面砖制成。陶瓷地面砖铺贴时，所用的胶结材料一般为1:3水泥砂浆，厚15 ~ 20mm，砖块之间有3mm左右的灰缝。铺砌时，必须注意平整，保持纵横平直，并以水泥砂浆嵌缝。

三、预制板、预制块地面

常见的预制板、预制块地面主要有预制水磨石板、混凝土块、大阶砖及水泥花砖等。其尺寸一般有200mm×200mm、500mm×500mm等，厚度为20 ~ 50mm。图2-9所示为预制水磨石板构造，它与现浇水磨石板相比，能够提高施工机械化水平，减轻劳动强度，提高质量，缩短现场工期，但是它的厚度大，自重大，价格也较高。

10~15mm厚(1：3)~(1：2.5)水泥石渣
12~15mm厚1：3水泥砂浆垫底
ϕ4钢筋双向布置@100~150

图2-9　预制水磨石板构造

预制板、预制块与基层的连接方式一般有两种：一是当预制板、预制块尺寸大而厚时，往往在板块下干铺一层厚度为20 ~ 40mm的沙子，待校正平整后，于预制板、预制块之间用沙子或砂浆填缝；另一种是当预制板、预制块小而薄时，则采用厚度为12 ~ 20mm的1:3水泥砂浆胶结在基层上，胶结后再以1:1水泥砂浆嵌缝(图2-10)。前者施工简便，易于修换，造价较低，但不易平整；后者则坚实、平整，但造价较高。

四、花岗石地面

花岗石与大理石等天然石材具有良好的抗压性能，其质地坚实，耐磨，耐久，外观大方，所以至今仍为许多重大工程所使用。花岗石属于高档建筑装饰材料。

用于室外地面铺装的花岗石，为了防滑，一般不进行磨光，而是选用雕凿成点状或条纹的表面。由于花岗石硬度大，因此它多用于纪念性建筑或人流量大的公共建筑的主出入口等处。

花岗石常加工成条形或块状，厚度较大，为50 ~ 150mm，是根据设计分块确定面积尺寸后进行加工而成。花岗石在铺设时，相邻两行应错缝，错缝为条石长度的1/3 ~ 1/2。

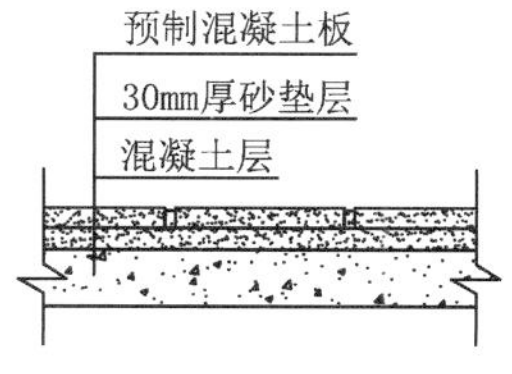

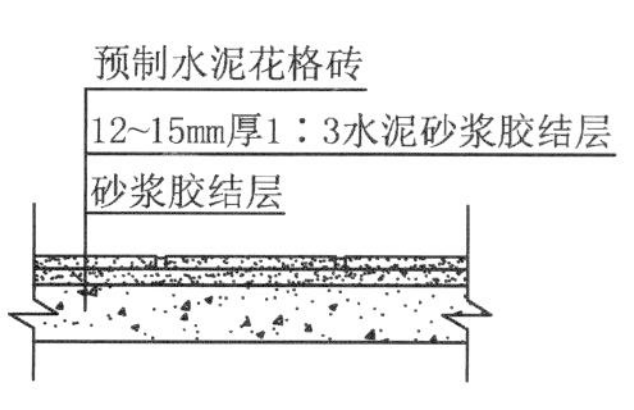

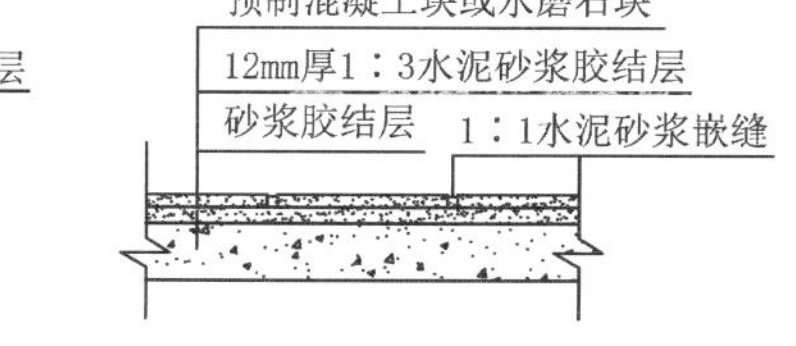

图2-10　预制块地面构造

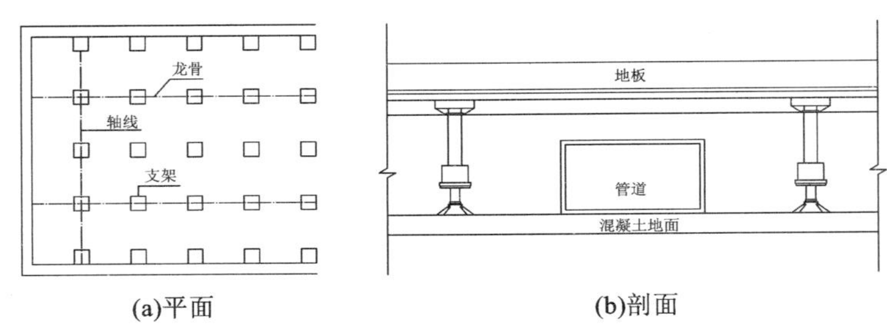

(a)平面　(b)剖面

图 2–11　活动地板布置示意图

铺设花岗石地面的基层有两种：一种是砂垫层，另一种是混凝土或钢筋混凝土基层。混凝土或钢筋混凝土基层常常要求用砂或砂浆找平，厚度为 30 ~ 50mm。砂垫层应在填缝以前进行洒水、拍实、整平。

五、大理石地面

大理石具有纹理斑驳、色泽鲜艳美丽的特点。大理石的硬度比花岗石稍差，所以它比花岗石易于雕琢、磨光。

当大理石暴露于空气中时，由于空气中少量的二氧化硫遇水生成亚硫酸，然后经氧化生成硫酸，与大理石中的重要成分碳酸钙起反应，表面生成石膏易溶于水，使大理石表面很快失去光泽，变得粗糙多孔而降低硬度。因此，大理石不宜用于室外装饰。如果将大理石用于室外装饰，其表面应加涂层处理。

大理石可根据不同色泽、纹理等组成各种图案，通常在工厂加工成厚度为 20 ~ 30mm 的板材，每块大小一般为 300mm×300mm ~ 500mm×500mm。方整的大理石地面，多采用紧拼对接，接缝不大于 1mm，铺贴后用纯水泥扫缝；形状不规则的大理石铺地接缝较大，可用水泥砂浆或水磨石嵌缝。大理石铺砌后，表面应粘贴纸张或覆盖麻袋加以保护，待结合层水泥强度达到 60% ~ 70% 后，方可进行细磨和打蜡。

六、活动地板

活动地板，又称“装配式地板”，是由各种不同规格、型号和材质的面板块、龙骨、支架等组合拼装而成的架空地面（图 2–11)。活动地板的架空空间可敷设各种电缆、管线、空调静压送风箱，并能设置通风口。活动地板平整、光洁、装饰性好，预制、安装、拆卸方便。它适用于仪表控制室，计算机房，变电所控制室，广播、邮电用房，自动化办公室以及高级宾馆会议厅等。

活动地板与支架的连接方法有很多。其中，拆装式与固定式支架对地面荷载有较大的限制。

第四节
木地面的装饰构造

木地面，是指表面由木板铺钉或胶合而成的地面。它不仅具有良好的弹性、蓄热性和接触感，而且还具有不起灰、易清洁、不反潮等特点，所以常用于高级住宅、

表 2-2　常用硬木地板的规格与树种

类　　别	层次	规格 /mm			常 用 树 种	附　　注
		厚	长	宽		
长条地板	面	12 ~ 18	＞800	30 ~ 50	硬杂木、柞木、色木、水曲柳	
	底	25 ~ 50	＞800	75 ~ 150	杉木、松木	
拼花地板	面	12 ~ 18	200 ~ 300	25 ~ 40	水曲柳、核桃木、柞木、柳安、柚木、麻栎	单层硬木拼花仅能用于实铺法
	底	25 ~ 30	＞800	75 ~ 150	杉木、松木	

宾馆、剧院舞台等室内装饰中。

木地面有普通条木地面、硬条木地面和拼花地面三种。常用的硬木地板的规格与树种参见表 2-2。

长条地板应顺房间采光方向铺设，走道则沿行走方向铺设，以避免暴露施工中留下的凹凸不平的缺陷，也可减少磨损，方便清扫。

拼花地板可以在现场拼装，也可以在工厂预制成 200mm×200mm ~ 400mm×400mm 的板材，然后运到工地进行铺钉。拼装应选用耐水、防腐的胶水黏结。

由于构造方式不同，木地面通常有架空式木地面、实铺式木地面、弹性木地面、弹簧木地面等做法。其中，应用较广泛的是实铺式木地面。

一、架空式木地面

架空式木地面，主要是指支撑木地面的龙骨架空搁置，使地面下有足够的空间便于通风，以保持干燥，防止龙骨腐烂损坏。当房间尺寸不大时，龙骨两端可直接搁在砖墙上；当房间尺寸较大时，为了减少龙骨挠度，充分利用小料或短料以节约木材，常在房间地面下增设地垄墙或柱墩支撑龙骨（图 2-12）。

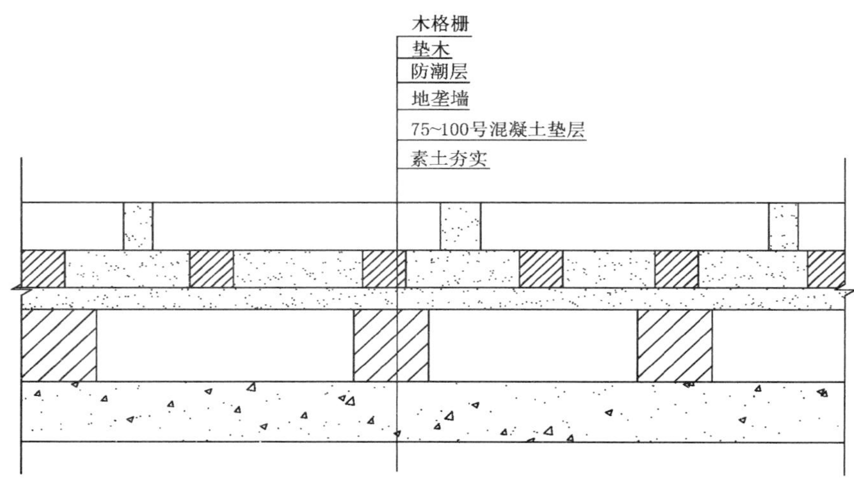

图 2-12　架空式木地面

龙骨可以用圆木，也可以用方料，其截面尺寸：圆木直径为 100 ~ 120mm；方木截面尺寸一般为 (50 ~ 60)mm × (100 ~ 120)mm，中距 400mm。为了保证龙骨端头均匀传力，需在龙骨支点处垫一通长的垫木（又称“沿游木”），在墩柱处垫木改用 50mm × 120mm × 120mm 的垫块。为防止垫木腐烂，需做防腐处理，并于垫木下干铺油毡一层。

木楼面的处理如同架空式木地面，木龙骨跨度为 3 ~ 4.5m，跨度更大的需另设横梁支撑龙骨。龙骨多为方料，其截面尺寸为 (50 ~ 75)mm × (200 ~ 300) mm，中距 400mm。为加强木龙骨的稳定性和整体性，常在龙骨之间沿跨度方向每隔 1.2 ~ 1.5m 用 35mm × 35mm 的木条交叉成剪刀状钉于龙骨之间，俗称“剪刀撑”（图 2–13）。

龙骨上铺钉木地板，用料规格参考表 2–2 选用。板与板的拼接有企口缝、平缝、销板缝、压口缝、截口缝和斜企口缝等形式。为了防止木板翘曲，在铺钉时应将板底刨一凹槽，并尽量使向心材的一面向下（图 2–14）。木板需用暗钉，以便于表面刨光和刷漆。所有板端的接头均需在龙骨上，不得悬空。

当面层采用拼花地面时，需采用双层木板铺钉，下层板称为“毛板”，可采用普通木料，截面尺寸一般为 20mm × 100mm，最好与龙骨成 45° 铺钉，也可成 90° 铺钉。毛板与面板之间可衬一层油纸，作为缓冲层。

在地面与墙面交接处，需钉高度为 150 ~ 180mm、厚度为 20mm 的木踢脚板。墙内预埋木砖，间距 1.2 ~ 1.5mm，以便将踢脚板钉牢。在踢脚板与地板折角处需钉盖缝条。

为防止地面的潮气上升而致使木材腐烂，应在架空的下部地表面上满铺一层防潮层。防潮材料有灰土、碎砖三合土或混凝土，厚度要视不同材料而定，均为 80 ~ 150mm。

为使底层地面下的空间获得较好的通风，必须在外墙脚处开设通风洞（又称

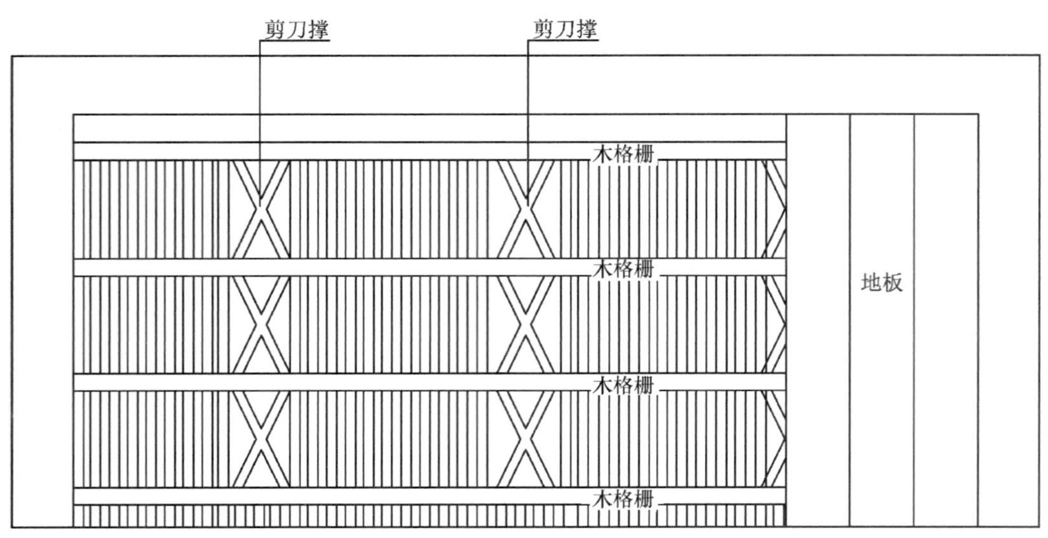

图 2–13　木楼面

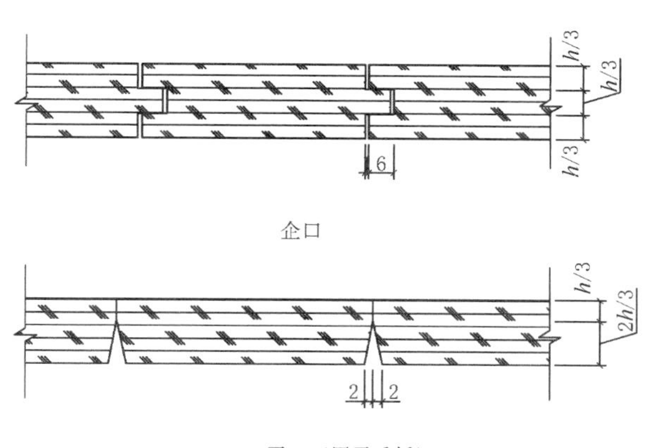

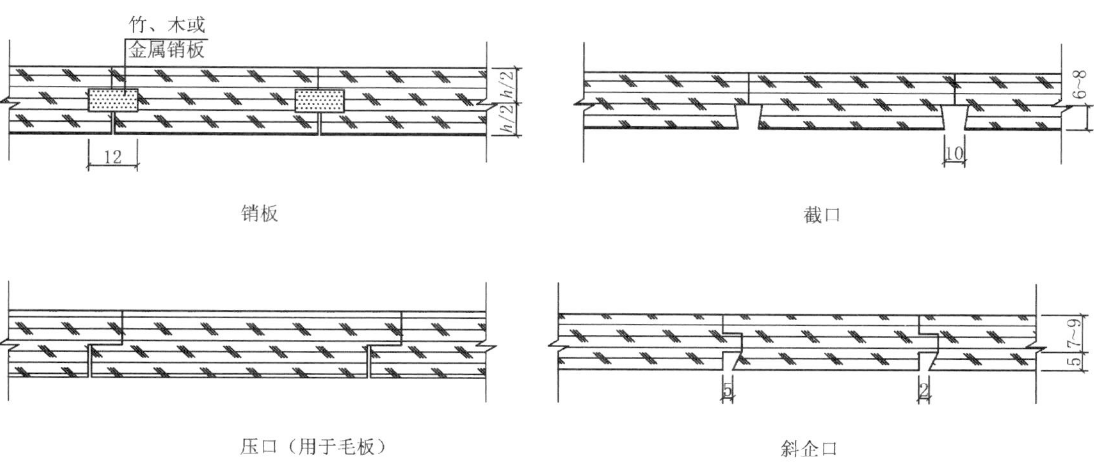

图 2-14　板的拼接形式

"出风洞"）。当房间开间较小时，每间设一个通风扇；当开间较大时，则要求每 3 ~ 5m 设一个通风洞，面积为 0.06 ~ 0.15m^2。洞口应以生铁篦、混凝土篦带钢丝网相隔，以防虫、鼠钻入地板下。洞口应使空气前后对流，进出风通畅。在北方严寒季节，可在洞口处以铁盖板或木盖板将洞遮盖起来，以免冷空气流入而使地面过冷；若处理不当，还可能在龙骨周围形成冷凝水。

二、实铺式木地面

实铺式木地面，是指直接在实体基层上铺设的木地面。例如，在钢筋混凝土楼板上或混凝土楼板上或混凝土基层上直接做木地面。这种做法构造简单，结构安全可靠，节约木材，所以被广泛采用。

实铺式木地面有格栅式与粘贴式两种铺设方法（图 2-15）。

1. 格栅式实铺木地面

格栅式实铺木地面是在结构基层找平的基础上，固定梯形或矩形的木格栅。格栅截面较小，如为矩形，截面尺寸一般为 50mm×50mm，中距为 400mm。格栅借预埋在结构层内的 U 形铁件嵌固或镀锌铁丝扎牢。底层地面为了防潮，需在结构找平层上涂刷冷底子油和热沥青各一道。为保证木格栅层通风干燥，通常在木地板与墙面之间留有 10 ~ 20mm 的空隙，

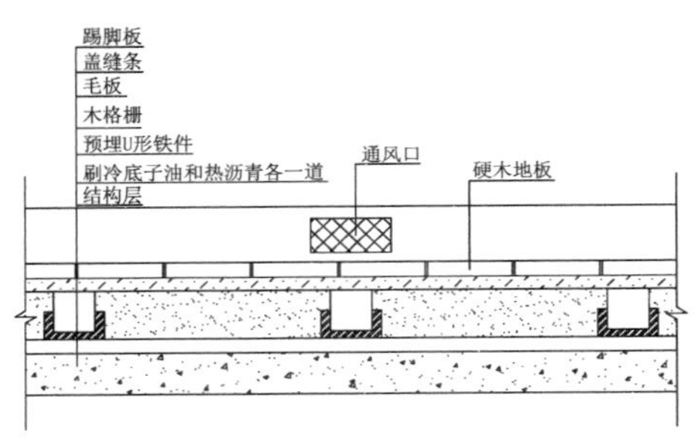

(a)格栅式(一)

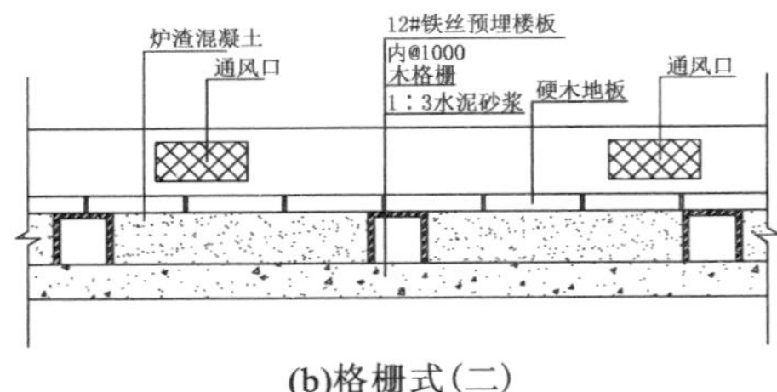

(b)格栅式(二)

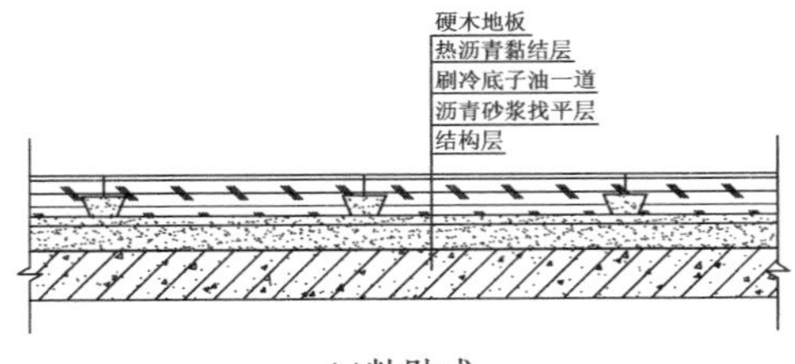

(c)粘贴式

图 2-15　实铺式木地面

踢脚板或木地板上也可设通风洞或通风篦子。格栅式实铺木地面可以单层铺钉或双层铺钉。

2. 粘贴式实铺木地面

粘贴式实铺木地面是在钢筋混凝土楼板上做好找平层，然后用黏结材料将木板直接贴上。粘贴式地面省去了格栅和毛板，与一般单、双层木地面相比，可以节约木材 30% ~ 50%。因此，它具有结构高度小、经济性好等优点，但是地板的弹性差，使用中维修困难。

粘贴式实铺木地面首先要求铺贴密实，防止木板的脱落。其有效措施是控制木板的含水率和保持基层的干燥、清洁。有时可采用沥青砂浆代替水泥砂浆做找平层，表面刷冷底子油。粘贴木板的胶结料一般有石油沥青、环氧树脂、聚氨酯或过氯乙烯胶泥等。

石油沥青具有黏结力强、防潮、耐蚀性好、价格低廉、操作简便等优点，而且地板底部用沥青封闭，可以防止白蚁危害，因此应用较多。在操作时，应适当控制沥青温度，如果沥青的温度过高，就容易使木板和基层中的水分大量蒸发而出现起泡现象。另外，所用木板还应进行防腐处理，板的背面涂满沥青或木材防腐油。

三、弹性木地面

在一些对地面弹性有较高要求的空间场合，如体育建筑的比赛场地、舞蹈和杂技排练厅或舞台等，需要做成弹性木地面。

弹性木地面从构造上可以分为衬垫式与弓式两类。衬垫式弹性木地面做法简便，可以选用橡胶、软木、泡沫塑料或其他弹性好的材料作衬垫。衬垫可以按条形或块状布置(图 2-16)。弓式弹性木地面分钢弓与木弓两类(图 2-17)。

弹性木地面主要利用木龙骨增加弹性。如木弓式弹性木地面是利用扁担木弓架托格栅，木弓下设细长垫木，用螺栓或钢筋固定于结构基层。木弓长为 1000 ~ 1300mm，高度 H 通过试验决定，木弓的两端放置金属圆管作活动支点，上面再布置格栅，以增加格栅弹性。最后做毛板、油纸和硬木地板。

弹性木地面四周沿墙应留有足够空隙，踢脚构造参见图 2-18。

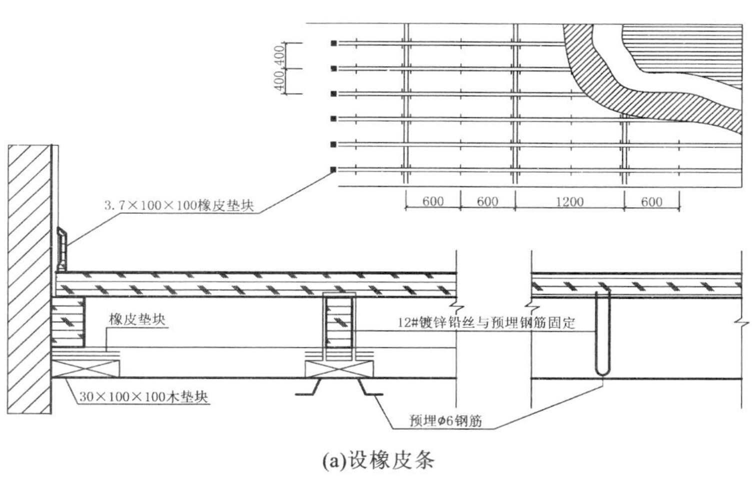

(a)设橡皮条

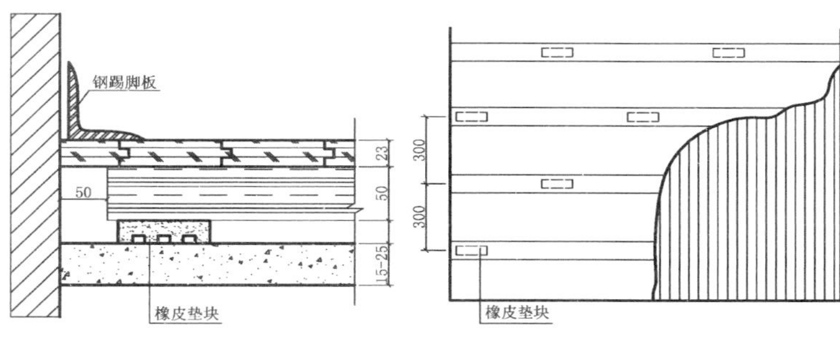

(b)设成型橡皮块

图 2-16　橡皮衬垫弹性木地面构造

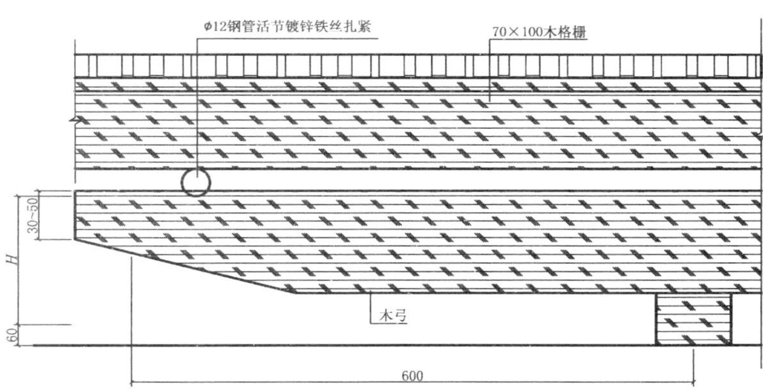

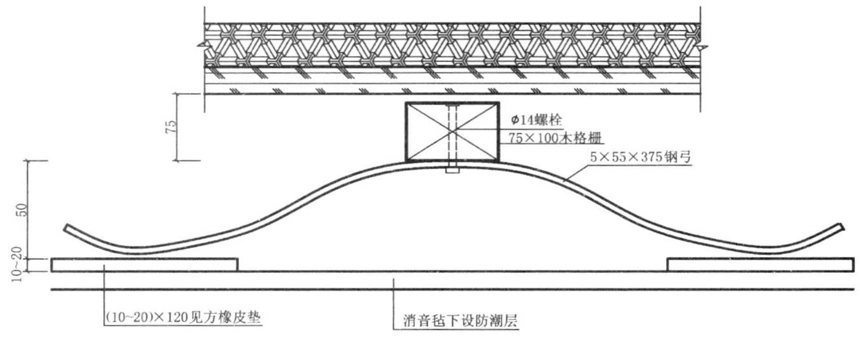

图 2-17　弓式弹性木地面构造

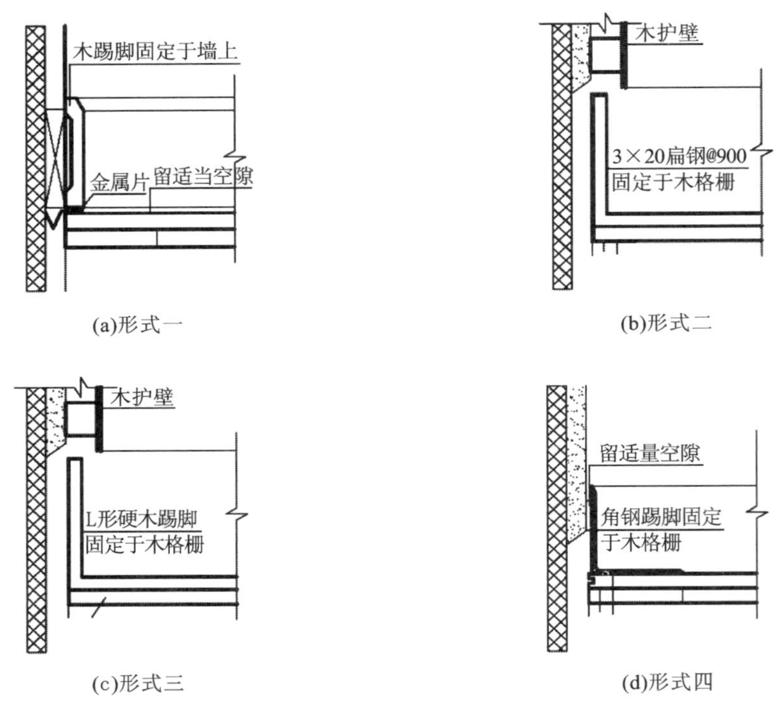

(a)形式一　(b)形式二　(c)形式三　(d)形式四

图 2-18　弹性地面踢脚构造

四、弹簧木地面

弹簧木地面具有很好的弹性，常与电子开关连用。如小电话间的地板，在人进入之后，地板加载，弹簧下沉，按通电流，电灯自动开启；人离开后，地板回到原位，切断电流，电灯自动熄灭(图 2-19)。弹簧安装时应先做弹力试验。

五、软木及木制品地面

软木是一种天然树木，多产于我国广西。由于软木含有许多束状小气柱，因而具有良好的隔热、隔声、消声等性能。软木经过加工制作成板柱，表面可以抛光打蜡或用聚合树脂类材料处理，成为光面不滑、柔软舒适的地面，它特别适用于要求

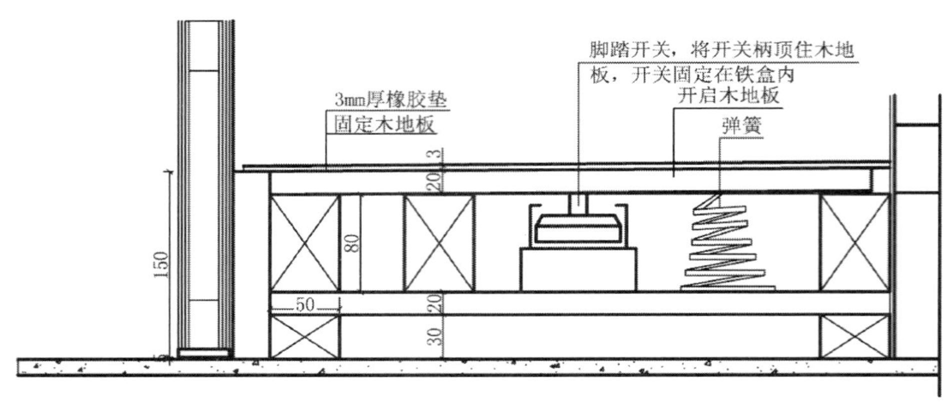

图 2-19　弹簧地板构造

小贴士

优质木地板特点

优质木地板应该具有自重轻、弹性好、构造简单、施工方便等优点，它的魅力在于妙趣天成的自然纹理和与其他任何室内装饰物都能和谐搭配的特性。优质的木地板还有三个显著特点：第一是无污染，它源于自然，成于自然，无论人们怎样加工改变其形状，它始终不失其自然的本色；第二是热导率小，使用它有冬暖夏凉的感觉；第三是木材中带有可抵御细菌的挥发性物质，是理想的居室地面装饰材料。但是实木地板存在怕酸、怕碱、易燃等弱点，所以一般只用在卧室、书房、起居室等室内地面的铺设。

安静和温暖的房间。

另外，利用木材加工厂的废料制成的木制品，如木纤维板等，均可以代替木材做地板。施工时，可采用脲醛胶粘剂粘贴，用木屑水泥砂浆做找平层，表面选用聚醋酸乙烯乳液打底，然后再用清漆罩面、打蜡。

第五节 人造软质制品地面的装饰构造

常见的人造软质制品主要有油地毡、塑料制品、橡胶制品及地毯等。按制品成型的不同，人造软质制品可分为块材和卷材两种。块材可以拼成各种图案，施工灵活，修补简单；卷材施工繁重，修理不便，适用于跑道、过道等练习场地。这些材料自重轻，柔韧，耐磨，耐腐蚀，而且美观。

一、油地毡

油地毡是在帆布或麻织物上涂抹特制的胶状涂料制作而成。这种胶状涂料是由植物油（松节油、亚麻仁油、桐油等）掺入掺合料（木屑、软木屑或滑石粉等），再加适量矿物颜料和催化剂（氧化铝、氯化铝），混合加热后胶化成泥状而形成的。

油地毡多制成卷材，可根据需要制成各种厚度和宽度，厚度为 2 ~ 5mm；宽度可分阔幅与窄幅，阔幅为 1.6 ~ 2.0m，窄幅为 0.5 ~ 1.6m；长度为 20m。

油地毡表面光而不滑，具有一定的弹性、韧性和耐热性，可制成各种色彩或图案。油地毡隔绝固体传声的效果较好，常用于居住建筑、医院、实验室等地方。

粘贴油地毡可用沥青油膏或酪素胶等。在混凝土结构层不很平整的情况下，必须先做水泥砂浆找平层。

二、塑料地面

随着现代工业的发展，作为建筑材料（结构材料或非结构材料）的塑料工艺日益成熟。塑料地面是选用人造合成树脂如苯甲酸丁酯或聚氯乙烯等塑化剂，加入适量填充料如石粉、木粉、石棉等，再掺入颜料经热压而成的，底面衬以麻布。塑料地面柔韧不易断裂。塑料地面具有耐磨、吸水性小、绝缘性能好、耐化学腐蚀等优点，而且有一定弹性，能做成各种颜色的图案花纹，行走舒适，易于清洁。但是，塑料地面也有自然老化、日久逐渐失去光泽、长期重压后产生凹陷变形等缺点。

目前，塑料地面的品种、花色众多，如软质聚氯乙烯、聚乙烯、聚丙烯地面，半硬质聚氯乙烯地面，硬质聚氯乙烯地面，聚氯乙烯石棉地砖地面等。其中，以软质及半硬质聚氯乙烯地面最为常见。图2-20 所示为塑料地面构造。

1. 软质聚氯乙烯地面

软质聚氯乙烯地面，是由聚氯乙烯(PVC) 树脂、增塑剂、稳定剂、填充料和颜料等混合而制成的热塑性塑料制品。其幅面宽一般为 1800mm 或 2000mm。这类软质卷材地面粘贴时，应选用与制品相应配套的黏结剂。黏结剂的黏结强度应不小于 2kg/cm^2，对面板与基层均不能有腐蚀性，便于施工。当处在 60℃以下的温度时，黏结剂应具有良好的稳定性。

在施工时，首先应进行基层处理。即要求水泥砂浆找平层平整、光洁，无凸出物、灰尘、砂砾等，含水量应在 10% 以下。如在施工前刷一道冷底子油，可增加黏结剂与基层的附着力。

卷材应先在地面上松卷摊开，静置一段时间，使其充分收缩，以免横向伸长产生相碰翘边。然后，根据房间尺寸和卷材宽度及花纹图案划出铺贴控制线，卷材按控制线铺平后，对准花纹条格剪裁。施工准备完毕后，即可涂黏结剂，从一面墙开始，涂刷厚度要求均匀，接缝边沿留 5cm 暂不涂刷。涂刷后静停 3 ~ 5min，使胶淌平，待部分溶剂挥发后再进行粘贴，先粘贴一幅的一半，再涂刷、粘贴另一半。铺贴后，由中间往两边用滚筒赶压铺平，排除空气。

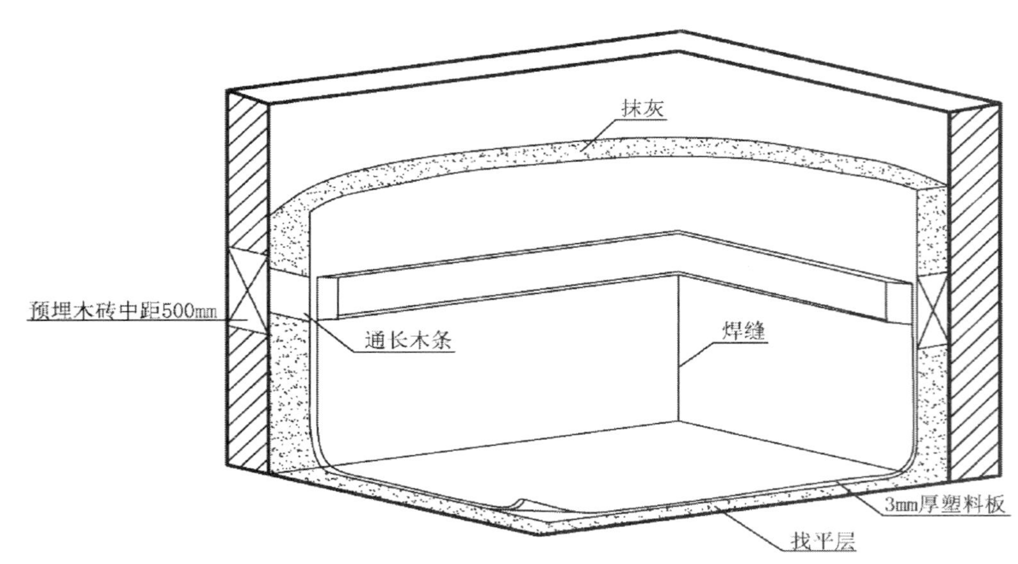

图 2-20　塑料地面构造

铺第二幅卷材时，为了接缝密实，可采用叠割法。其方法如下：在接缝处搭接 2 ~ 5cm，然后居中弹线，用钢板尺压在线上切割两层叠合卷材，或用铁块紧压切割，再撕掉边条，补涂胶液，压实粘牢，用滚筒滚压平整 (图 2–21(b))。

软质卷材地面也可以不用黏结剂，采用拼焊法铺贴。其方法如下：将地板边切成斜口，用三角形塑料焊条和电热焊枪进行焊接 (图 2–21(c))。采用拼焊法可将塑料地面接成整张地毯，空铺于找平层上，四周与墙身留有伸缩缝隙，以防地毯热胀拱起。

2. 半硬质聚氯乙烯地面

半硬质聚氯乙烯地面，是采用聚氯乙烯及其共聚体为树脂，加入填充料和少量的增塑剂、稳定剂、润滑剂、颜料而制成。它一般为块材，以正方形比较常见，边长通常为 100 ~ 500mm。粘贴前，必须做好清理基层及划线定位等准备工作。一般以房间几何中心为中心点，划出相互垂直的两条定位线，通常有十字形、交叉形和 T 形等划分方式。

铺贴通常从中心线开始，逐排进行。T 形可从一端向另一端铺贴。排缝宽度一般为 0.3 ~ 0.5mm。常选用聚氨酯或氯丁橡胶作为胶粘剂，涂刷时厚度不宜超过 1mm，涂刷面积不宜过大；对位粘上后，用橡胶滚筒或橡皮锤，从板中央向四周滚压或锤击，以排除空气，压严锤实，并及时将板缝内挤出的胶液用棉纱头擦净。

3. 聚氯乙烯石棉地砖地面

聚氯乙烯石棉地砖地面主要是由聚氯乙烯树脂掺入石相纤维作填充料制成的。它的成本低，耐火性能好。其规格通常为 300mm 见方，厚 1.5 ~ 3mm。聚氯乙烯石相地砖可采用沥青基的黏结剂粘贴。

4. 现浇塑料地面

现浇塑料地面，是用环氧沥青漆或聚醋酸乙烯乳液等制剂与填充料 (细砂、石英粉、石英砂等) 配制成一种塑料砂浆，在清理基层后刷一层冷底子油 (可相应地用环氧沥青漆或聚醋酸乙烯乳液)，然后抹上 3mm 厚的这种塑料砂浆，经养护后

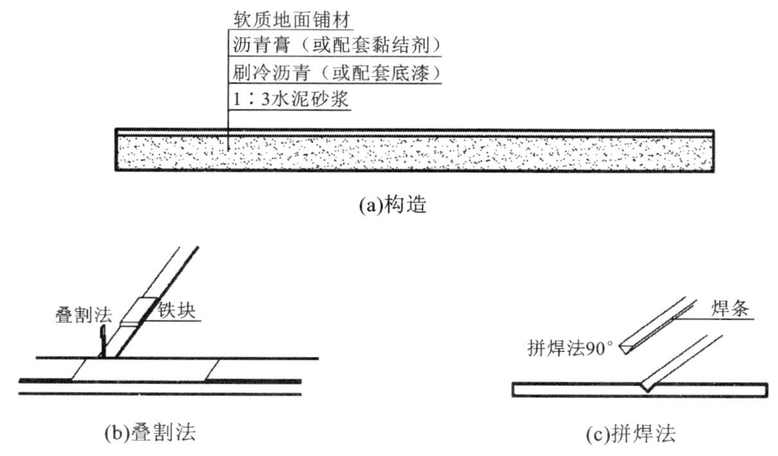

图 2–21　人造软质地面构造

再刮抹，用相应的材料(聚醋酸乙烯乳液加石英粉)做成塑料腻子，最后在表面刷色浆或面漆而制成。这种地面由于是现场制作，整体施工，因而没有缝隙。

三、橡胶地面

橡胶地面，是指在橡胶中掺入适量的填充料制成的地板铺贴而成的地面。这些填充料有烟片胶、氧化锌、硬脂酸、防老化粉和颜料等。橡胶地面表面可做成光平或带肋，带肋的橡胶地面多用于防滑走道上，厚度为 4 ~ 6mm。橡胶地面可制成单层或双层，也可根据设计制成各类色彩和花纹。

橡胶地面具有良好的弹性，双层橡胶地面的底层如改用海绵橡胶则弹性更好。橡胶地面耐磨、保温、消声性能均较好，表面光而不滑，行走舒适，比较适用于展览馆、疗养院、阅览室、实验室等场所。

四、地毯地面

地毯是一种高级地面装饰材料。高档地毯具有吸音、隔声、蓄热系数大、防滑、质感柔软、行走舒适等众多优点，而且色彩、图案丰富，本身就是工艺品，能给人以华丽、高雅的感觉。一般地毯也具有较好的装饰效果和实用效果，而且施工及更换方便。因此，地毯广泛用于各种重要的建筑空间地面装饰。

地毯的品种众多。根据材质的不同，地毯可分为真丝地毯、纯羊毛地毯、混纺地毯(羊毛中掺 15% 的锦纶)、化纤地毯(聚酰胺纤维、聚丙烯腈纤维、聚丙烯纤维、聚酯纤维等)、麻绒地毯(剑麻)、橡胶绒地毯(天然橡胶)、塑料地毯(聚氯乙烯树脂)等。根据编织方法的不同，地毯可分为手工打结地毯、机织地毯、簇绒地毯和无纺织地毯等。

簇绒地毯是以簇绒机为工具生产的地毯。由于簇绒地毯品种丰富、质感良好，而且价格适中，因而被广泛采用。在生产加工过程中，采用不同的工艺方法，可以形成表面质感各不相同的三种形式，即圈绒地毯、割绒地毯和平圈割绒地毯。圈绒地毯耐磨性较好，但弹性不足，脚感略硬，多用于厅堂、走廊、通道等人流量较大的场合；割绒地毯绒毛长，弹性较好，感觉柔软，但耐磨性不好，通常用于客房等人流量不大的场所；平圈割绒地毯介于二者之间，适用面较广。

地毯铺设可分为满铺与局部铺设两种，铺设方式有固定与不固定式之分。

1. 固定式铺设

固定式铺设，是指将地毯裁边、黏结拼缝成为整片，摊铺后四周与房间地面加以固定的方式。固定式铺设有两种方法：一种是用倒刺板固定，即在房间地面周边钉上带朝天小钉的倒刺板，将地毯背面挂住、固定；另一种是粘贴固定，即用地毯胶粘剂将地毯背面的周边与地面粘合在一起。前者先在地面上铺海绵波垫或杂毛毡垫垫层后，再铺地毯；后者则是把地毯直接粘合在地面上。

(1) 倒刺板固定。

倒刺板一般用 4 ~ 6mm 厚、24 ~ 25mm 宽的三夹板条或五夹板条制作，板上钉两排斜铁钉(图 2-22)。

倒刺板应固定于距墙面踢脚板外 8 ~ 10mm 处，以作地毯掩边之用。一般用

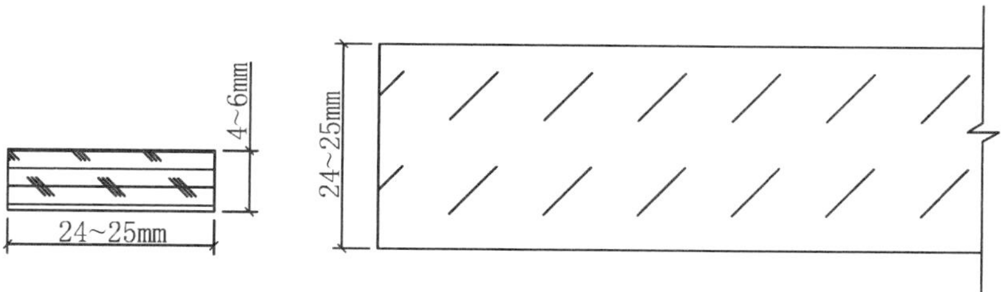

图 2-22 夹板倒刺板

水泥钉直接固定在混凝土或水泥砂浆基层上；若地面太硬或地毯较松散，可先埋下木楔，再将倒刺板钉在上面。当地毯完全铺好后，用剪刀裁去墙边多出部分，再用扁铲将地毯边缘塞入踢脚板下预留的空隙中。

房间门口处地毯的固定和收口，是在门框下的地面处，采用 2mm 厚的铝合金门口压条 (图 2-23)，将 21mm 宽的一面用螺钉固定在地面内，再将地毯毛边塞入 18mm 宽的口内，将弹起压片轻轻敲下，压紧地毯。

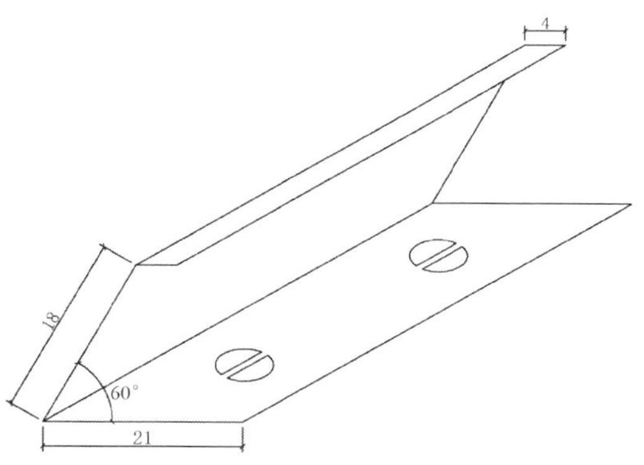

图 2-23 铝合金压条倒刺板

外门口或地毯与其他地面材料交接处，则采用铝合金“L”形倒刺条、锑条或其他铝压条，将地毯端边固定和收口 (图 2-24)。

(2) 粘贴法固定。

用粘贴法固定地毯时，地面一般不再铺垫层，地毯通过胶粘剂直接固定在地面基层上。刷胶采用满刷与部分刷胶两种方法。人流量大的公共场所的地面，应采用满刷胶液；人流少而搁置器物较多的房间地面，可部分刷胶。胶粘剂应选用地板胶，用油刷将胶液涂刷在地面上，静停 5 ~ 10min 待溶剂挥发后，即可铺设地毯。部分刷胶铺设地毯时，应根据房间尺寸裁割地毯。先在房间中部地面涂一块胶，地毯铺设时，用撑子往墙边拉平，再在墙边刷两条胶带将地毯压平，并将地毯毛边塞入踢脚板下。需拼接的地毯，在接缝处刮一层胶拼合密实。走廊可顺一个方向铺设地毯。

2. 不固定式铺设

当采用卷材地毯时，不固定式铺设地毯的裁割、接缝、缝合，与固定式铺设相同。地毯拼成整块后，直接干铺在洁净的地面上，不与地面粘贴。在铺设沿踢脚板下的地毯时，应塞边压平。不同材质的地面交接处，应选用合适的收口条收口。如同一标高的地面，可采用铜条或不锈钢条衔接收口；如两种地面有高低差时，则选用“L”形铝合金收口条收口。小方块地毯，一般本身较重，铺设时应在地面上弹出方格线，并从房间中央开始铺设。块与块之间，只

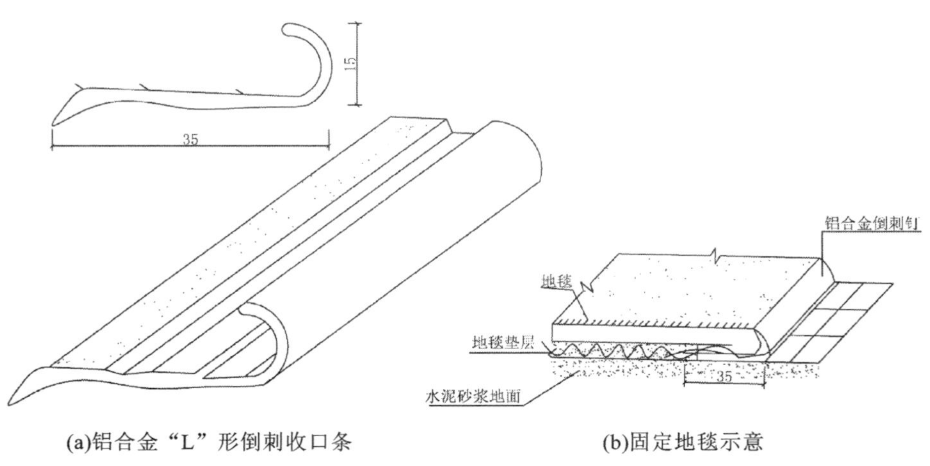

(a)铝合金“L”形倒刺收口条　　(b)固定地毯示意

图 2-24　地毯收口固定示意

要相互挤紧服帖，一般不会卷起。

3. 楼梯地毯铺设

铺设楼梯踏步处地毯时，先将倒刺板钉在踏步板和挡脚板的阴角两边，两条倒刺板顶角之间应留出地毯塞入的间隙(一般约 15mm)，朝天小钉倾向阴角面(图 2-25)。然后，用海绵衬垫把踏面及阴角包住，衬垫超出转角不小于 50mm。

地毯铺设由上而下，逐级进行。顶级地毯需用压条钉固于楼梯平台上，在每级阴角处，用扁铲将地毯绷紧后，压入两根倒刺板之间的缝胶内；铺设完毕后，将踏

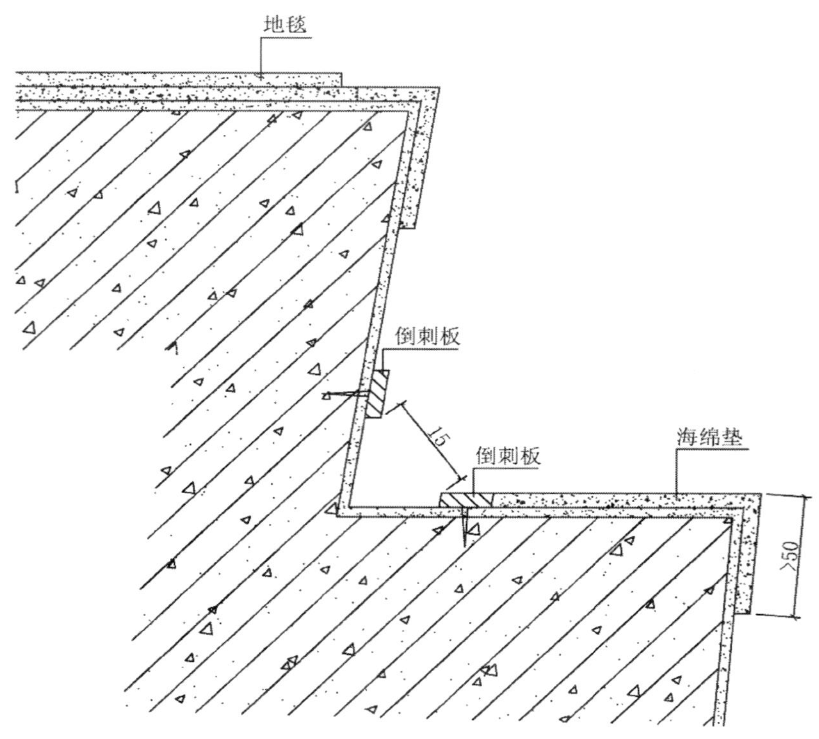

图 2-25　踏步板钉倒刺板

小贴士

地毯的优点

地毯以其紧密透气的结构，可以吸收并隔绝声波，有良好的隔音效果。地毯表面绒毛可以捕捉、吸附漂浮在空气中的尘埃颗粒，有效改善室内空气质量。地毯是一种软性铺装材料，有别于如大理石、瓷砖等硬性地面铺装材料，不易使人滑倒、磕碰。地毯具有丰富的图案、绚丽的色彩、多样化的造型，能美化家居装修环境，体现个性。地毯无辐射，不散发甲醛等有害物质，满足各种环保要求。

步防滑条铺钉在踏步板阳角边缘，然后用不锈钢膨胀螺钉固定，钉距通常为 150 ~ 300mm。

第六节 楼地面特殊部位的装饰构造

一、踢脚板

踢脚板，又称“踢脚线”，是楼地面和墙面相交处的一个重要构造节点。它的主要作用是遮盖楼地面与墙面的接缝，保护墙面，以防搬运东西、行走或做清洁时将墙面弄脏。

踢脚板的材料与楼地面的材料基本相同，所以在构造上常将其与地面归为一类。踢脚板的高度一般为 100 ~ 180mm。图 2-26 为几种常见踢脚板的构造。

二、楼地面变形缝

建筑物的变形缝因其功能的不同，可分为温度伸缩缝、沉降缝和抗震缝三种。前两种运用较普遍，而第三种则仅用于地震设防区中，楼地面的变形缝应结合建筑物变形缝设置。混凝土垫层变形缝的间距一般应小于 60m，但室温经常在 0℃以下或温度经常产生剧烈变化时应小于 12m。

变形缝在构造上应要求从基层脱开，贯通地面各层，其宽度在面层不得小于 10mm；在混凝土垫层内不小于 20mm。楼板变形缝宽度应根据计算来确定。对于沥青类材料的整体面层和铺在砂、沥青玛蒂脂结合层上的板材、块材面层，可只在混凝土垫层或楼板中设置变形缝。

为了将楼地面基层中的变形缝封闭，常采用可以压缩变形的沥青玛蒂脂、沥青木丝板、金属调节片等材料做封缝处理。一般在面层处应覆以盖封板，在构造上应以允许构件之间能自由伸缩、沉降为原则。所有金属铁件均应满涂防锈漆一道，外露面加涂调和漆两道，所有盖缝板外表颜色应与地面一致。

图 2-27 为楼地面变形缝的几种构造。图 2-28 为楼地面抗震缝的几种构造。

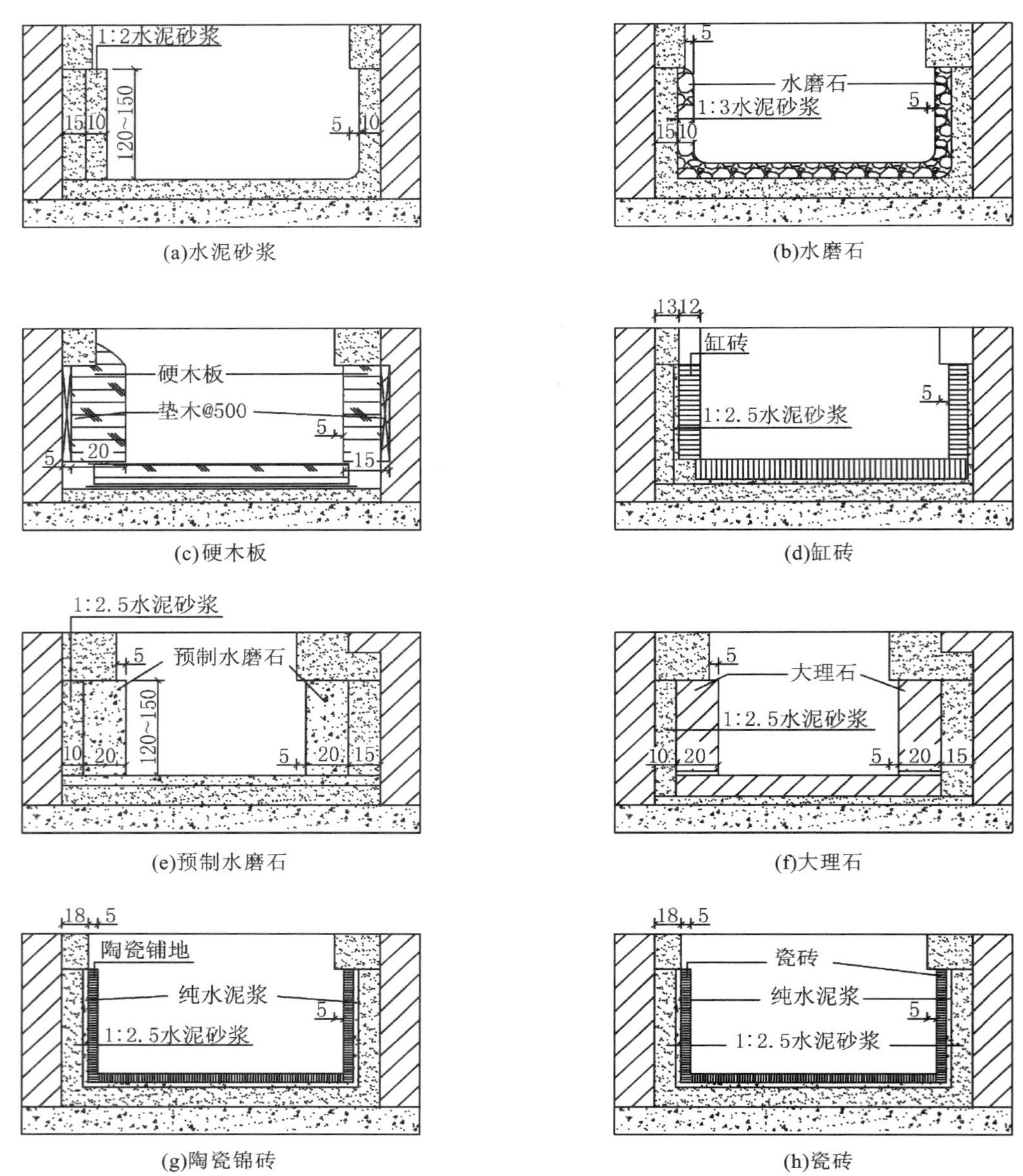

图 2-26 几种常见踢脚板构造

小贴士

角线开裂原因

由于角线都是整根或整捆购买，在装修中难免会有破损，主要原因来自于运输与裁切，运输途中容易受到碰撞，裁切时切割机的震动会造成角线开裂。石膏角线相对于木质角线更容易开裂。但是角线开裂对施工影响不大，石膏角线安装后可以采用石膏粉修补，表面再涂刷乳胶漆，木质角线安装后可以采用同色成品腻子修补，这些都能覆盖裂缝。

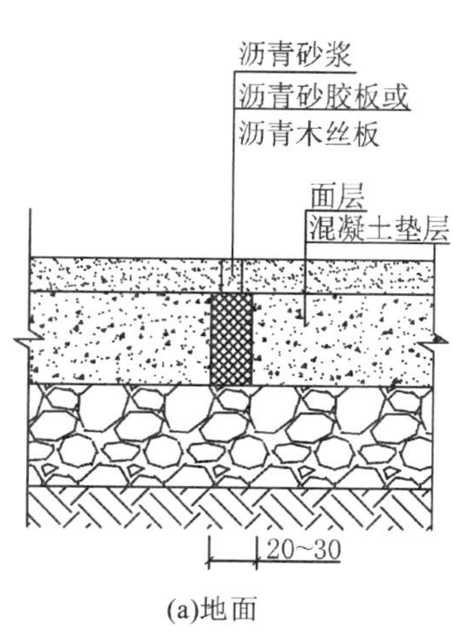

(a)地面

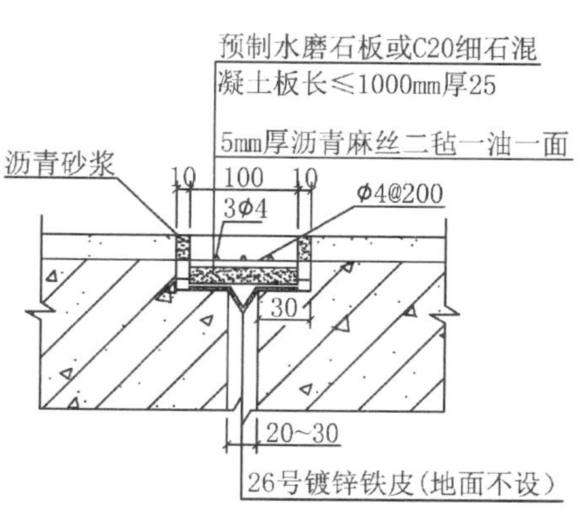

(b)楼地面

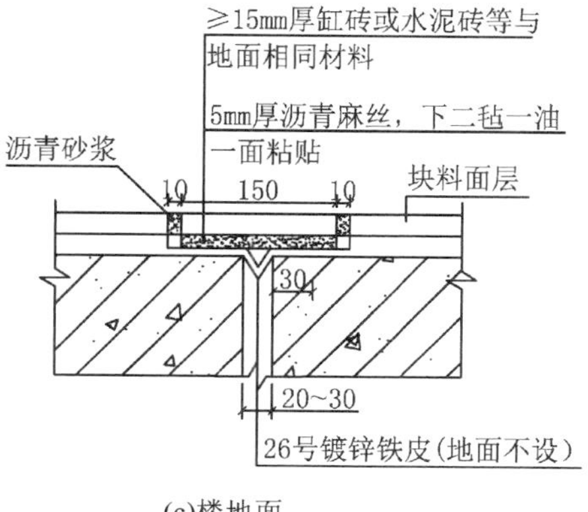

(c)楼地面

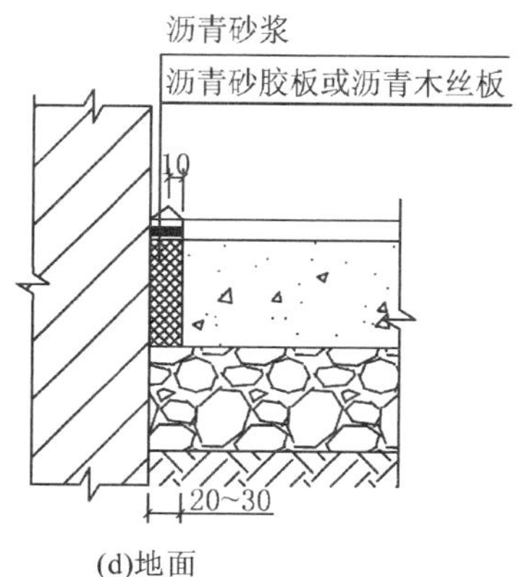

(d)地面

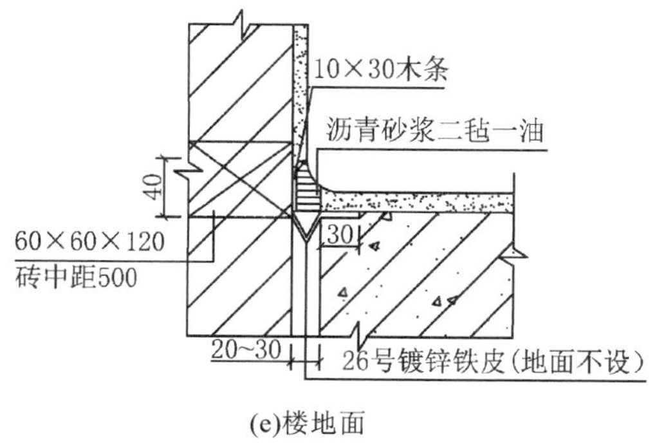

(e)楼地面

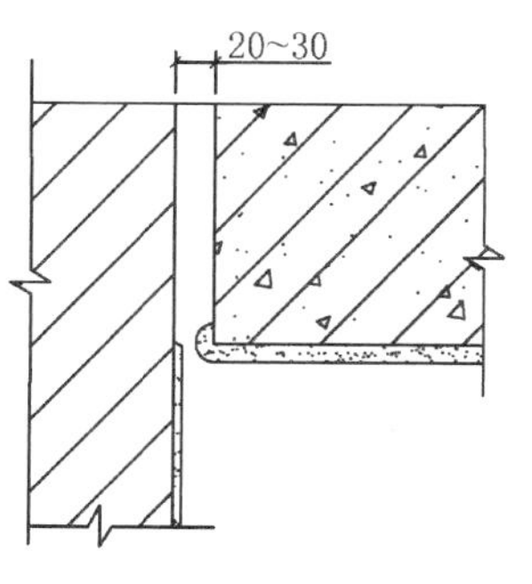

(f)平顶

图 2-27　楼地面变形缝构造举例

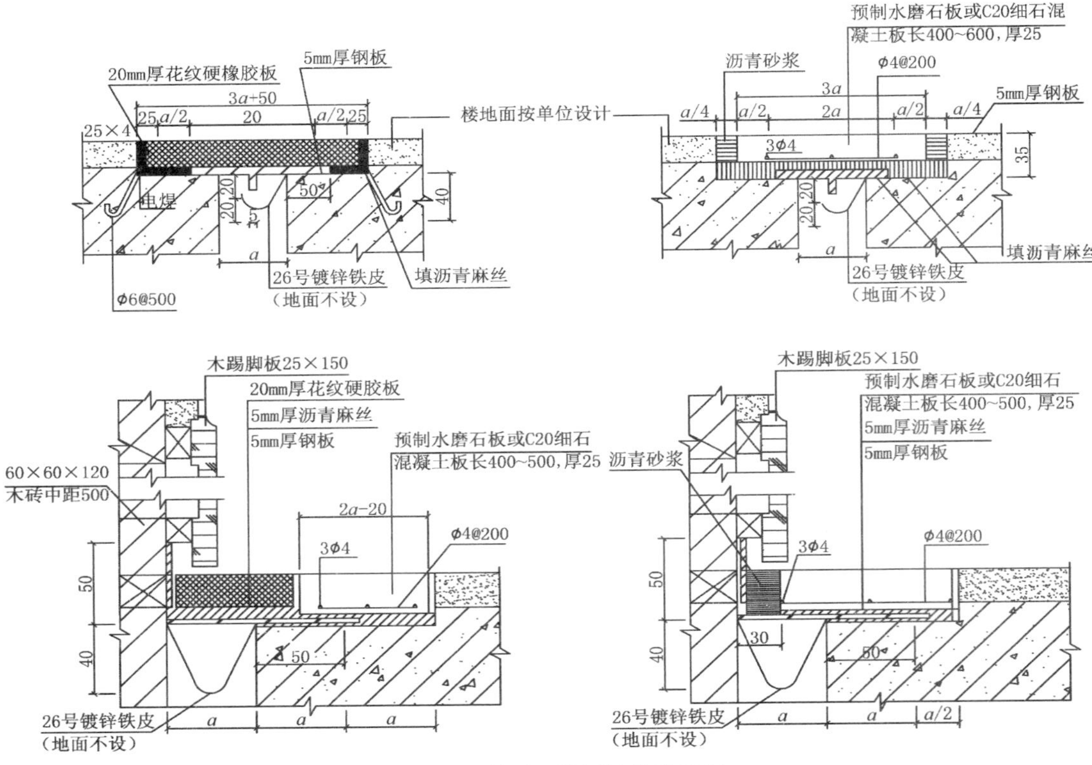

图 2-28　楼地面抗震缝构造举例

第七节
案例分析：地面砖铺装

一、介绍

地面砖一般为高密度瓷砖、抛光砖、玻化砖等，铺贴的规格较大，不能有空鼓存在，铺贴厚度也不能过高，避免与地板铺设形成较大落差。因此，地面砖铺贴难度相对较大，掌握地砖的铺贴技术也尤为重要。

二、结构示意图

地面砖铺装构造与施工如图 2-29、图 2-30 所示。

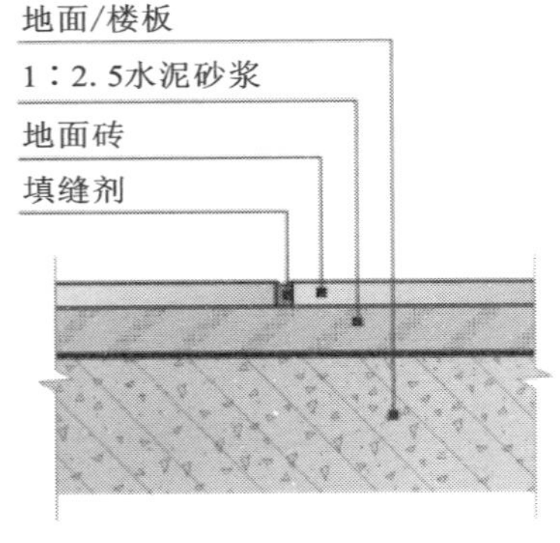

图 2-29　地面砖铺装构造

图 2-30　地面砖铺装施工

三、施工流程

1. 选砖

清理地面基层，铲除水泥疙瘩，平整墙角，但是不要破坏楼板结构，选出具有色差的砖块（图 2-31）。

2. 裁切抛光砖

配置 1∶2.5 水泥砂浆待干，对铺贴墙面洒水，放线定位，精确测量地面转角与开门出入口的尺寸，并对瓷砖做裁切。普通瓷砖与抛光砖仍须浸泡在水中 3 ~ 5h 后取出晾干，将地砖预先铺设并依次标号（图 2-32）。

抛光砖切割器使用方便、快捷，切口整齐、光洁，是现代装饰施工的必备工具。

3. 铺贴地砖

在地面上铺设平整且黏稠度较干的水泥砂浆，依次将地砖铺贴到地面上，保留缝隙根据瓷砖特点来确定（图 2-33、图 2-34）。

干质砂浆铺装在地面，铺装前应当在地面洒水润湿，砂浆应当铺装均匀、平整，厚度约 20mm（图 2-35）。

湿质砂浆铺装在砖块背面，厚度约 20mm，周边形成坡状倒角（图 2-36）。

4. 填缝

采用专用填缝剂填补缝隙，使用干净抹布将瓷砖表面的水泥擦拭干净，养护待干（图 2-37）。

图 2-31　选砖

图 2-33　干质砂浆

图 2-32　抛光砖裁切

图 2-34　湿质砂浆

图 2–35　铺装干质砂浆

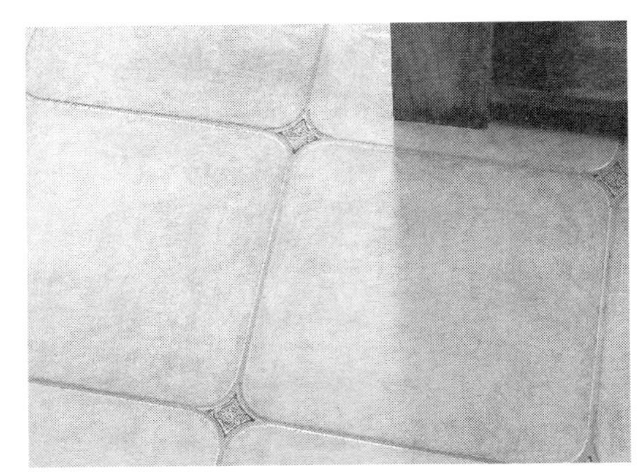
图 2–37　填缝

图 2–36　铺装湿质砂浆

四、总结

地砖铺贴是装修中必不可少的，也是非常重要的一个环节，从选砖到铺贴都要格外重视。而瓷砖铺贴完之后，在验收环节，需要严格控制这样一些因素，比如地砖的拼花是否拼对、地砖是否平整、地面是否干净、地砖有无空鼓和色差现象、卫生间阳台的坡度和填缝做得如何、砖面缝隙是否规整、砖面是否有破碎崩角、花砖和腰线位置是否正确、有无偏位等等。

思考与练习

1. 楼地面装饰有哪些作用?

2. 试画出楼地面的基本构造组成层次。

3. 现浇水磨石地面与预制水磨石板地面有何不同?

4. 什么是“美术水磨石”?

5. 板块料地面有何构造特点?

6. 大理石为何不宜用于室外地面装饰?

7. 架空式木地面与实铺式木地面在构造上有何区别?

8. 实铺式木地面有哪两种? 它们之间有何不同之处?

9. 试表述如何铺贴半硬质聚氯乙烯地面。

10. 固定式铺设地毯时，为何需要设置“倒刺板”?

11. 踢脚板有何作用? 试画出几种常用踢脚板的构造图。

第三章
墙面装饰构造

学习难度：★★★★★

重点概念：墙面装饰功能、贴面装饰、玻璃墙面

章节导读

墙面，是指墙体的表面。它是建筑物室内外空间的侧界面，是以垂直面的形式出现的。墙面分室外墙面（简称外墙面）和室内墙面（简称内墙面）两大类，因而墙面装饰也就相应地划分为外墙装饰和内墙装饰两大类。

外墙面是构成建筑物外观的主要因素，它直接影响到城市面貌和街景。因此，一般应根据建筑物本身的使用要求和周围环境等因素来选择外墙面的装饰，通常选用具有抗老化、耐光照、耐风化、耐水、耐腐蚀和耐大气污染性能的饰面材料，使它起保护主体结构的作用，并保持外观清新。

室内是人们生活、工作、活动的空间。因此，应根据不同的使用要求而选择内墙面的装饰，一般选择易清洁、接触感好、光线反射能力强的饰面。

第一节 墙面装饰的功能及分类

一、外墙面装饰的基本功能

1. 保护墙体

外墙除作为承重墙，承担一部分结构荷载外，还是建筑物的主要外部围护构件之一。所以，人们希望外墙能够遮风挡雨、隔绝噪声、防火、保温隔热，而且应具有一定的耐久性。

外墙面装饰，在一定程度上能保护墙体不受外界的侵袭和影响，提高墙体防潮、防老化、抗腐蚀的能力，增强墙体的坚固性和耐久性。对一些重点部位，如勒脚、窗口、檐口或女儿墙压顶等部位，在装饰时应采取相应的构造措施。

2. 改善墙体物理性能

外墙作为围护结构，往往会由于材料、气候条件、功能要求等因素的影响而不能充分满足使用需要，这时可通过墙面装饰处理加以弥补。一些隔热要求比较高的建筑，如果外墙面用白色反光性强的装饰材料，就可以进一步减小太阳辐射热对室内温度的影响。现代建筑中大量采用的吸热和热反射玻璃，能吸收或反射 50% ~ 70% 的太阳热辐射能。

3. 美化建筑立面

由于建筑物的立面是人们在正常视野中所能观赏到的一个主要面，所以外墙面的装饰处理，对烘托气氛、美化环境、体现建筑物的风格，具有十分重要的作用。正因为如此，建筑装饰设计师在进行一个建筑物的总体装饰设计时，必须考虑到这一点。只有充分利用建筑装饰材料的质感、颜色、搭配，并结合构图法则，采取相应的构造措施，才能取得令人满意的效果。所以，成功的建筑装饰立面设计，是建立在对各种饰面构造及其最终效果充分了解的基础上的。

二、内墙面装饰的基本功能

1. 保护墙体

建筑物的内墙面装饰与外墙面装饰一样，通常都有保护墙体的作用。内墙面装饰可以避免外来不利因素对墙体的直接侵害。在一些重点部位，还必须采取相应的构造措施加以处理。例如，厨房、浴室、卫生间等房间，必须装饰成耐水性好的饰面，以保护墙身不受潮湿的影响；门厅、过厅、走道等处由于人流量较大，必须在合适的高度上做墙裙，在内墙阳角处一般做护角线加以保护。

2. 满足使用要求

为了保证人们在室内正常的学习、工作和生活，内墙面应当是易于保持清洁的，并且具有较好的反光性，使室内的亮度比较均匀，远离窗口的一端不致光线太暗。由于墙体本身一般是不能满足这些要求的，这就要通过内墙面装饰来弥补这方面的不足。例如，砖墙墙体表面抹灰喷白浆就是保护房间基本使用条件的常用手段。

内墙饰面一般不承担墙体的热工性能，但是当墙体本身热工性能不能满足使用要求时，也可以在其内侧通过抹保温砂浆等方法加以弥补。

内墙面抹灰层通过它的“呼吸”作用，能调节室内空气湿度，改善使用环境的卫生条件。当室内空气的相对湿度偏高时，抹灰层能吸收空气中的一些水蒸气，使墙面不致出现凝结水；当室内过于干燥时，则又能释出一定水分调节房间的湿度。而一些基本不透气的饰面，就起不到这方面的作用。

内墙面装饰的另一个重要功能，就是辅助墙体的声学功能，例如，反射声波、吸音、隔声等。音乐厅、影剧院、播音室等场合，往往通过在墙面、顶棚上合适的位置布置相应的吸声材料或反射材料，来达到控制混响时间、改善音质的目的。人群集中的公共场所，也是通过饰面层吸音来控制噪声、减轻嘈杂程度的。有一定厚度和重量的抹灰层，具有避免声桥、提高隔墙隔声性能的作用。涂塑壁纸平均吸音系数可达到 0.05，墙绒为 0.5，平均厚度为 20mm 的双面抹灰砂浆的吸音系数随墙体本身单位质量大小而异，可提高隔墙的隔声量 1.5 ～ 5.5dB。

对于一些有特殊要求的空间，还必须选用不同材料的饰面，以满足防尘、防腐蚀、防辐射等方面的需要。

现代室内装饰中经常会用到木材、化纤产品等易燃材料，这就给消防带来了诸多不利因素，特别是在高层建筑中更是如此。所以，在进行内墙面装饰时，应尽量不选高度易燃的装饰材料，否则，应对建筑进行防火构造处理。对燃烧后会产生大量烟雾或有毒气体的装饰材料，应坚决杜绝使用。

3. 美化室内环境

建筑物的内墙面装饰能不同程度地起到装饰、美化室内环境的作用。建筑物的装饰档次越高，这种作用就越明显。

由于内墙面多数是近距离看的，甚至有可能和人体直接接触，所以应选择一些质感、接触感较好的装饰材料来进行内墙装饰。此外，内墙面装饰和外墙面装饰不一样，它所强调的是墙、地、顶饰面和家具、灯具及其他陈设相结合的综合效果，因此在选定内墙面装饰构造的质感、色彩时，应予以全面考虑。

三、墙面装饰的分类

根据所采用的装饰材料、施工方式和本身效果的不同，墙面装饰可划分为以下六类。

(1) 抹灰类墙面装饰，包括一般抹灰和装饰抹灰墙面装饰。

(2) 涂刷类墙面装饰，包括涂料和刷浆墙面装饰。

(3) 贴面类墙面装饰，包括陶瓷制品、天然石材和预制板材墙面装饰。

(4) 裱糊类墙面装饰，包括壁纸和墙布墙面装饰。

(5) 镶板类墙面装饰，包括竹木制品、石膏板、矿棉板、人造革、有机玻璃、塑料和玻璃等墙面装饰。

(6) 其他材料类墙面装饰。

第二节
抹灰类墙面装饰的构造

一、墙面抹灰概述

抹灰类墙面，即抹灰类饰面，又称“水泥灰浆类饰面”“砂浆类饰面”，是用各种水泥砂浆，或者石灰砂浆、混合砂浆、石膏砂浆、石灰浆，以及水泥石渣浆等做成的各种装饰抹灰层。它除了具有装饰效果外，还具有保护墙体、改善墙体物理性能等功能。这种饰面因其造价低廉、施工简便、效果良好，目前在国内外建筑装饰中的应用最为广泛。

1. 墙面抹灰的分类

(1) 根据部位的不同，墙面抹灰可分为外墙抹灰和内墙抹灰。

(2) 根据使用要求的不同，墙面抹灰可分为一般抹灰和装饰抹灰。

2. 墙面抹灰的组成

墙面抹灰通常由底层抹灰、中层抹灰和面层抹灰三部分组成(图 3-1)。

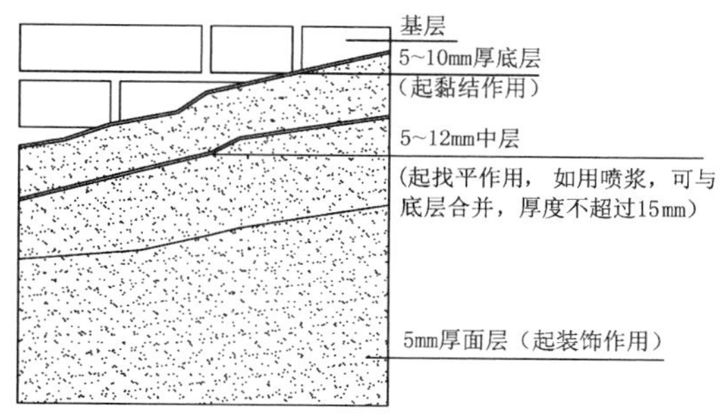

图 3-1　抹灰的构成

(1) 底层抹灰。

底层抹灰主要起与基层黏结和初步找平的作用。底灰砂浆应根据基本材料的不同和受水浸湿情况而定，可用石灰砂浆、水泥石灰混合砂浆(简称混合砂浆)或水泥砂浆。

一般来说，室内砖墙多采用 1:3 石灰砂浆，或掺入一些纸筋、麻刀以增强黏结力并防止开裂；需要做涂料墙面时，底灰可用 1:2:9 或 1:1:6 水泥石灰混合砂浆。室外或室内有防水、防潮要求时，应采用 1:3 水泥砂浆。混凝土墙体应采用混合砂浆或水泥砂浆。加气混凝土墙体内可用石灰砂浆或混合砂浆，外墙宜用混合砂浆。窗套、腰线等线脚应用水泥砂浆。北方地区外墙饰面不宜用混合砂浆，一般采用的是 1:3 水泥砂浆。底层抹灰的厚度为 5 ~ 10mm。

(2) 中层抹灰。

中层抹灰主要起找平和结合的作用。此外，还可以弥补底层抹灰的干缩裂缝。一般来说，中层抹灰所用材料与底层抹灰基本相同，厚度为 5 ~ 12mm。在采用机械喷涂时，底层与中层可同时进行，但是厚度不宜超过 15mm。

(3) 面层抹灰。

面层，又称罩面。面层抹灰主要起装饰和保护作用，根据所选装饰材料和施工方法的不同，面层抹灰可以分为各种不同性质与外观的抹灰，例如，选用纸筋灰罩面，即为纸筋灰抹灰；选用水泥砂浆罩面，即为水泥砂浆抹灰；在水泥砂浆中掺入合成材料的罩面，即为聚合砂浆抹灰；采用木屑骨料的罩面，即为吸声抹灰；采用蛭石粉或珍珠岩粉做骨料的罩面，即为保温抹灰等。

由于施工方法不同，抹灰表面可以抹成平面，也可以拉毛或用斧斩成假石状，还可将天然细骨料或人造骨料(如大理石、花岗石、玻璃、陶瓷等加工成粒料)采用手工涂抹或机械喷射成水刷石、干粘石、彩瓷粒等集石类墙面。

彩色抹灰的做法有两种：一种是在抹灰面层的灰浆中掺入各种颜料，颜色均匀而耐久，但颜料用量较多，适用于室外；

另一种是在做好的面层上，进行罩面喷涂时加入颜料，这种做法比较省颜料，但是容易出现色彩不匀或褪色现象，多用于室内。

3. 墙面抹灰的特点

墙面抹灰的优点是价格便宜、施工方法简单、材料来源丰富，缺点是容易受灰尘污染、现场劳动量大。另外，由于抹灰砂浆强度较差，阳角处很容易碰坏，通常在抹灰前于内墙阳角、门洞转角、柱子四角等处用强度较高的 1:2 水泥砂浆抹出，或预埋角钢做成护角（图 3-2）。护角高度从地面起为 1.5 ~ 2m，然后再做底层及面层抹灰。

再者，由于外墙面抹面一般面积较大，为操作方便以及满足立面处理的需要，通常在抹灰层事先嵌入分格木条，做成抹灰木引条（图 3-3）。

二、一般抹灰墙面做法

根据抹灰质量的不同，一般抹灰分普通抹灰、中级抹灰和高级抹灰三种标准。

普通抹灰适用于简易住宅、大型临时设施和非居住性房屋，以及建筑物中的地下室、储藏室等。其构造是一层底灰、

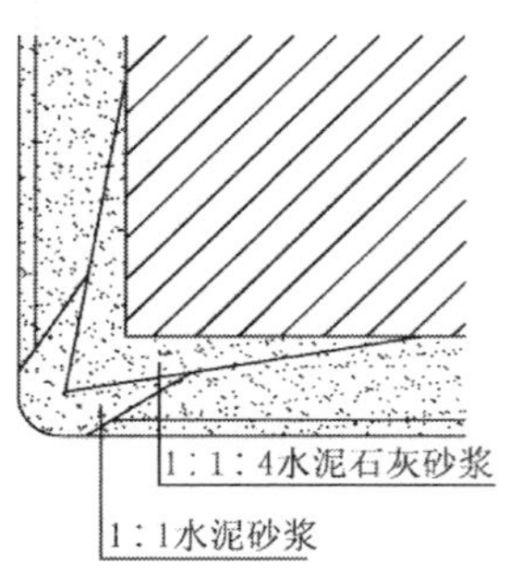

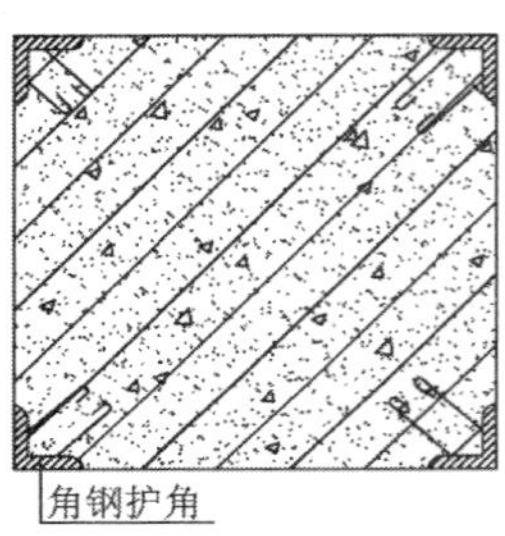

图 3-2　墙和柱的护角

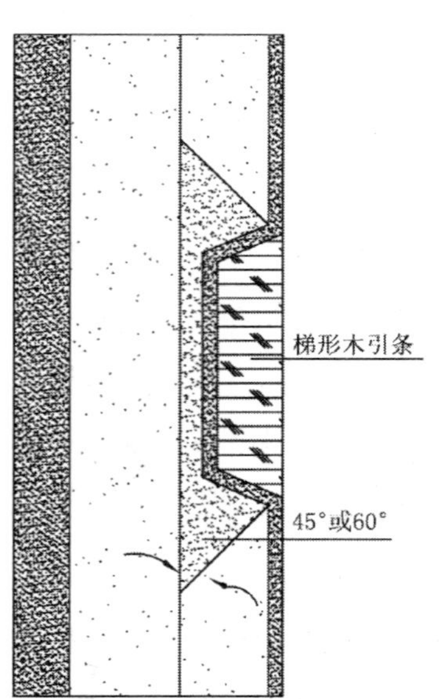

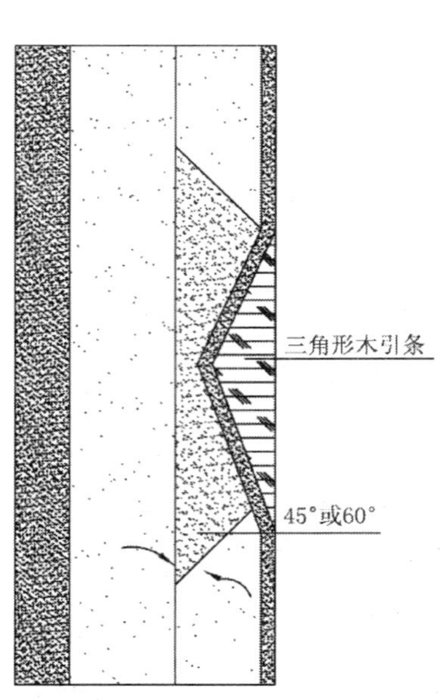

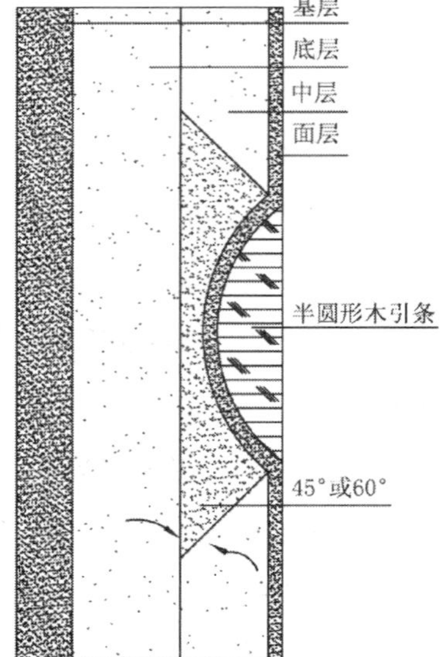

图 3-3　抹灰木引条做法

小贴士

抹灰水泥砂浆比例

在装修施工中，常会用到不同比例的水泥砂浆，如1:1水泥砂浆、1:2水泥砂浆、1:3水泥砂浆等，这些水泥砂浆的比例是指水泥与砂的体积比。以1:2水泥砂浆为例，1个单位体积的水泥与2个单位体积的砂搭配组合，加水调和后形成的水泥砂浆即为1:2水泥砂浆。其中砂占据的比例越高，水泥砂浆的硬度与耐磨度也就越高。

1:1水泥砂浆适用于面层抹灰或铺贴墙地砖；1:2水泥砂浆适用于基层抹灰或凹陷部位找平，也可以用于局部砌筑构造；1:3水泥砂浆适用于墙体等各种砖块构造砌筑。素水泥中没有掺入砂，平整度最高，可以掺入10%的901建筑胶水，用于抹灰层面层抹光或铺贴墙地砖。

一层面灰，或者不分层一遍成活。普通抹灰的内墙厚度为18mm，外墙厚度为20mm，勒脚及凸出墙面部分为25mm，石墙厚度为35mm。

中级抹灰适用于一般住宅、公共建筑、工业建筑以及高级建筑物中的附属建筑。其构成是一层底灰、一层中间灰、一层面灰。中级抹灰的内墙厚度为20mm，外墙厚度为20mm，勒脚及凸出墙面部分为25mm，石墙厚度为35mm。

高级抹灰适用于大型公共建筑物，纪念性建筑物以及有特殊功能要求的高级建筑物。其构成是一层底灰、多层中灰、一层面灰。高级抹灰的内墙厚度为25mm，外墙厚度为20mm，勒脚及凸出墙面部分为25mm，石墙厚度为35mm。

1. 石灰砂浆抹灰

石灰砂浆抹灰的一般做法：先用12mm厚1:3石灰砂浆打底，再用8mm厚1:2.5石灰砂浆粉面，可用于内、外墙面。

2. 混合砂浆抹灰

混合砂浆用于内墙面粉刷的一般做法：先用15mm厚1:1:6水泥石灰砂浆打底，再用5mm厚1:0.3:3水泥石灰砂浆粉面，表面可加涂内墙涂料。

混合砂浆用于外墙面粉刷的一般做法：先用12mm厚1:1:6水泥石灰砂浆打底，再用8mm厚1:1:6水泥石灰砂浆粉面，面层可用木屑磨毛，呈银灰色。

抹灰墙面施工时，应先清理基层，除去浮尘，有时还需用水冲洗，以保证底层与基层黏结牢固。对于吸水性较大的砖墙，在抹灰前须将墙面浇湿，以免抹灰后过多吸收砂浆中的水分而影响黏结。

混凝土基层、加气混凝土基层由于本身与抹灰砂浆黏结性较差，所以在抹灰前必须做预处理。其方法如下：混凝土墙、柱面先刷一道素水泥浆（内掺含水3%～5%的107胶）；硅酸盐加气混凝土砌块墙体先刷一道107胶水泥浆（配比为107

胶：水泥：水 =1:1:4)，填补及打底需用加气砂轻质砂浆(由废加气混凝土加工成的细粒径轻质砂浆配成)，压实、抹光后与基底黏结牢固。

3. 水泥砂浆抹灰

水泥砂浆抹灰的一般做法：先用 12mm 厚 1:3 水泥砂浆打底，再用 8mm 厚 1:2.5 水泥砂浆粉刷面层。水泥砂浆抹灰一般呈土黄色，具有一定的抗水性。水泥砂浆抹灰作外抹灰时，面层用木屑磨毛；作为厨房、浴厕等易受潮房间的墙裙时，面层应用铁板抹光。

4. 纸筋(麻刀)石灰抹灰

纸筋(麻刀)石灰抹灰的一般做法如下：

（1）当基层为砖墙时，先用 15mm 厚 1:3 石灰砂浆打底，再用 2mm 厚纸筋(麻刀)石灰粉面；

（2）当基层为混凝土墙时，须先做基层处理，然后用 15mm 厚 1:3:9 水泥石灰砂浆打底，最后用 2mm 厚纸筋(麻刀)石灰粉面；

（3）当基层为加气混凝土砌块墙时，先按要求做基层处理，再用 5mm 厚 1:3:9 水泥石灰砂浆打底，划出纹理，然后用 9mm 厚 1:3 石灰砂浆抹中层，最后用 2mm 厚纸筋(麻刀)石灰罩面。

纸筋(麻刀)石灰抹灰通常用于内墙粉刷。表面可以喷刷大白浆等其他内墙涂料，也可以直接作为内墙饰面。

5. 石膏灰抹灰

石膏灰抹灰的一般做法：先用 13mm 厚 1:3 ～ 1:2 麻刀灰砂浆打底抹平，要求分两遍抹完，表面平整垂直；再用 2 ～ 3mm 厚 13:6:4(石青粉：水：石灰膏)石膏灰浆罩面，也要求分两遍抹完，在第一遍未收水时即进行第二遍抹灰，随即用铁抹子修补压光两遍，最后用铁抹子溜光至表面密实光滑为止。石膏灰浆不宜抹在水泥砂浆或混合砂浆的底灰上，因石膏与水泥中的铝酸三钙化合会引起膨胀，使基层产生裂缝，导致石膏面层产生裂缝、空鼓而脱壳，影响质量。

石膏灰浆罩面，颜色洁白，表面细腻，不反光，可以与室内石膏制作的装饰性线脚配套，取得统一的效果。石膏还具有隔热、保温、不燃、吸声、结硬后不收缩等性能，所以适宜作高级装饰的内墙面抹灰和顶棚的罩面。

6. 水砂灰抹灰

水砂即沿海地区的细砂，平均粒径为 0.15mm。在使用时，要用清水淘洗，去掉污泥杂质，以含泥量不超过 2% 为宜。

水砂灰粉刷的一般做法：用 13mm 厚 1:3 ～ 1:2 纸筋(麻刀)灰打底，分两遍抹成，要求表面平整垂直；然后用水砂灰浆抹面，也分两遍抹成，应在第一遍砂浆略有收水时即抹第二遍，第一遍竖向抹，第二遍横向抹，总厚度控制在 3 ～ 4mm 之间。水砂灰浆的配比为热灰浆：水砂 =1:0.75。

水砂灰抹灰一般适用于较高级的住宅或办公楼的内墙抹灰。其特点是表面光洁细腻，黏结牢固，耐久性强，防水性能好，表面刷涂料或油漆方便，而且用料简单。

7. 膨胀珍珠岩灰浆抹灰

膨胀珍珠岩灰浆，是指以膨胀珍珠岩为骨料，以水泥或石灰膏为胶凝材料，按一定比例配制而成的灰浆。它具有容重小、导热系数低、保温效果好等特点，一般用于保温、隔热要求较高的内墙抹灰。膨胀珍珠岩灰浆抹灰广泛用于加气混凝土条板、现浇混凝土墙体的内墙面饰面。

膨胀珍珠岩灰浆的配比为石灰膏：膨胀珍珠岩：纸筋：聚醋酸乙烯乳液 =100:10:10:0.3(松散体积比)，或者为水泥：石灰膏：膨胀珍珠岩 =100:10:3(重量比)。

膨胀珍珠岩灰浆抹灰的构造做法与石膏灰抹灰基本相同，面层要随抹随压直至表面平整光滑为止，厚度越薄越好，通常为 2mm 左右。

膨胀珍珠岩罩面与纸筋灰罩面相比，具有容重小、黏附力好、不易龟裂、操作简便等特点，可降低造价 50% 以上，能提高工效 1 倍左右。

三、装饰抹灰墙面做法

装饰抹灰除了具有与一般抹灰相同的功能外，还有其本身装饰工艺的特殊性，所以装饰抹灰墙面往往有鲜明的艺术特色和强烈的装饰效果。

1. 拉条墙面

拉条墙面是用杉木板制作的刻有凹凸形状的模具，沿贴在墙面上的木导轨，在抹灰面层上通过上下拉动而形成的。其底灰与中层灰的处理与一般抹灰类相同。根据所拉条形的粗细，面层砂浆有不同的配比。细条形拉条灰抹面层用水泥：细纸筋石灰膏：砂 =1:0.5:2 的纸筋混合砂浆；粗条形拉条灰抹面层分两层不同配比，底层砂浆为水泥：细纸筋石灰膏：砂 =1:0.5:2.5 的纸筋混合砂浆，面层为水泥：细纸筋石灰膏 =1:0.5 的水泥纸筋石灰膏，两者均需分多次加浆抹平、拉模而成。

拉条墙面干燥后，可刷乳胶漆或 106 涂料等上色。

2. 拉毛、洒毛墙面

拉毛分为用棕刷操作的小拉毛和用铁抹子操作的大拉毛两种，外墙还有先拉出大拉毛再用铁抹子压平毛尖的做法，拉毛面层一般采用普通水泥掺适量石灰膏的素浆。小拉毛灰掺入水泥用量 10% ~ 20% 的石灰膏，大拉毛灰掺入水泥用量 30% ~ 50% 的石灰膏。素水泥石灰浆容易龟裂，一般还掺入适量的沙子和少量的细纸筋，如需加颜料时可用白水泥配。

除水泥拉毛外，还有油漆拉毛墙面。油漆拉毛又可分石膏拉毛和油拉毛，通常用于室内抹灰。石膏拉毛是在石膏粉中加入适量水，不停地搅拌，待过了水硬期后用刮刀平整地刮在做好的垫层上，然后进行拉毛工序，干燥后刷油漆或涂料。油拉毛是在石膏粉中加入适量水，不停地搅拌，待水硬期过后加入油料(如光油、鱼油、干性油等)均匀拌和，然后刮在做好的垫层上，厚度为 3 ~ 5mm，再进行拉毛工序，待干燥后上油漆或其他涂料。

洒毛墙面用 1:3 水泥砂浆打底，表面找平、搓毛，中层灰一般采用彩色水泥砂浆，两层砂浆厚度一般不超过 13mm。洒毛砂浆一般采用带色的 1:1 水泥砂浆，用竹丝帚将洒毛砂浆洒到带色的中层灰面上，由上往下，洒到墙面的砂浆呈云朵状。

3. 聚合物水泥砂浆的喷涂、滚涂、弹涂墙面

所谓聚合物水泥砂浆，就是在普通砂浆中掺入适量的有机聚合物，以改善原来材料性能方面的某些不足。例如，掺入聚乙烯醇缩甲醛胶 (107 胶)、聚醋酸乙烯乳液等。

(1) 喷涂。

聚合物水混砂浆喷涂墙面，是用挤压式砂浆泵或喷斗将砂浆喷涂于墙体表面而形成的装饰层。从质感上分，有表面灰浆呈波纹状的波面喷涂和表面布满点状颗粒的粒状喷涂。

(2) 滚涂。

聚合物水泥砂浆滚涂墙面是将砂浆抹在墙体表面，用滚子滚出花纹，再喷罩甲基硅醇钠疏水剂而形成的装饰层。滚涂操作分干滚、湿滚两种方法。前者滚涂时滚子不蘸水，滚出的花纹较大，工效较高；后者滚涂时滚子反复蘸水，滚出的花纹较小，操作时间长，花纹不匀能及时修补，但工效低。

(3) 弹涂。

聚合物水泥浆弹涂墙面是在墙体表面刷一道聚合物水泥色浆后，用弹涂器分几遍将不同色彩的聚合物水泥浆弹在已涂刷的涂层上，形成 3 ～ 5mm 大小的扁圆形花点，再喷罩甲基硅树脂或聚乙烯醇缩丁醛酒精溶液而形成的装饰层。不同颜色的组合和浆点所形成的质感，使这种做法有近似于干粘石的装饰效果。

4. 扒拉灰与扒拉石墙面

扒拉灰墙面是在底灰或其他基层上，抹 10mm 厚 1:1 水泥砂浆，然后用露钉尖的木块作为工具 (钉耙子) 挠去水泥浆皮而形成的装饰层。

扒拉石墙面的面层抹灰采用 10mm 厚 1:2 水泥细石浆，其他做法与扒拉灰墙面相同。由于能显露出细石渣的颜色，质感明显，因而扒拉石装饰效果比扒拉灰要好。

5. 假面砖墙面

假面砖墙面是采用掺氧化铁红、氧化铁黄等颜料的彩色水泥砂浆做面层，通过手工操作达到模拟面砖装饰效果的饰面做法。由于使用的工具不同，故有两种模拟做法：一种是用铁梳子拉假面砖，彩色水泥砂浆面层的厚度一般抹 3 ～ 4mm，待抹灰收水后，先用铁梳子顺靠尺板由上向下划纹，深度不宜超过 1mm，然后按面砖宽度用铁钩子或铁皮刨子沿着靠尺板横向划沟，深度为 3 ～ 4mm，露出中层抹灰；另一种是用铁辊滚压刻纹代替铁梳子，其他工具与操作方法均与前一种相同。

6. 假石墙面

(1) 斩假石墙面。

斩假石墙面，又称为“剁假石墙面”“人造假石墙面”，这种墙面一般是以水泥石渣浆做面层，待凝结硬化具有一定强度后，用斧子及各种凿子等工具，在面层上剁斩出类似石材经雕琢的纹理效果的一种人造

石料装饰方法。其质感分立纹剁斧和花锤剁斧两种，可根据需要选用。

斩假石墙面的构造做法：先用 12mm 厚 1∶3 水泥砂浆打底，然后刷一道素水泥浆（内掺水重 3% ~ 5% 的 107 胶），随即抹 10mm 厚、配比 1∶1.25 的水泥石渣浆。石渣用粒径 2mm 的白色米粒石，内掺 30% 粒径在 0.3mm 左右的白云石屑。为了达到不同的效果，也可以在面层配料中加入各色骨料或颜料。面层采取防晒措施养护一段时间，以水泥强度还不大、容易剁得动而石渣又不易剁掉的程度为宜，用剁斧将石渣表面水泥浆皮剁去。为便于操作和提高装饰效果，一般在阴阳角及分格缝周边留 15 ~ 20mm 边框线。边框线处也可以和天然石材处理方式一样，改为横方向剁纹。

斩假石的装饰效果较好，很多重要工程如人民大会堂、革命历史博物馆均采用这种墙面做法，并且取得了较好的效果。这种做法非常接近天然石材表面剁斧的质感，气质典雅、稳重，耐久性也很好，但由于是手工操作，所以功效低、劳动强度大，因此在应用上有一定局限性。另外，由于斩假石墙面的造价偏高，因而实际上也是一种中高档墙面做法。

(2) 拉假石墙面。

拉假石墙面的底灰处理与斩假石墙面相同，面层常用的水泥砂浆配比是水泥∶石英砂（或白云石屑）=1∶1.25，厚度一般为 8 ~ 10mm。由于石英砂比较硬，故不能在剁假石工艺中使用。操作时，待面层收水后用靠尺检查平整度，然后用木抹子搓平、顺直，再用钢皮抹子压一遍。最后，待水泥终凝后，用抓耙依着靠尺按同一方向挠刮，除去表面水泥浆露出石渣。

这种做法有类似斩假石的装饰效果，但相比之下，其劳动强度大大降低，工效明显提高。由于操作的工艺特点不同，拉假石墙面表面露石渣的比例较小，水泥的颜色对整个墙面色彩的影响较大，所以往往在水泥中加颜料，以增强其色彩效果。对此，应注意整个墙面颜色的均匀一致，并要选择耐光、耐气候、不易褪色的品种。

7. 水刷石墙面

水刷石墙面的底灰处理与斩假石墙面相同。面层水泥石渣浆的配比依石渣粒径而定，一般为 1∶1(粒径 8mm)、1∶1.25(粒径 6mm)、1∶1.5(粒径 4mm)，厚度通常取石渣粒径的 2.5 倍，依次为 20mm、15mm、10mm。

面料如果用彩色石渣浆，则需要白水泥掺入颜料，造价会相应增加，一般多用于高级装修中。

喷刷应在面层刚开始初凝时进行，分两遍操作。第一遍先用软毛刷子蘸水刷掉面层水泥浆，露出石粒；第二遍用喷雾器将四周邻近部位喷湿，然后由上往下喷水，把表面的水泥浆冲掉，使石子外露长度约为粒径的 1/2，再用小水壶从上往下冲洗，冲水时不宜过快或过慢。大面积冲洗后，应用甩干的毛刷将分格缝上沿处滴挂的浮水吸去。装饰要求高的工程，还要用稀草酸溶液洗一遍，再用清水冲净。总的目的都是为使石渣表面更洁净。

8. 干粘石墙面

干粘石墙面一般选用小八厘石渣（粒径 4mm）。由于粒径较小，所以在黏结砂浆上易于密实排列，露出的黏结砂浆少。在使用前，石渣应用水冲洗干净，去掉尘土及粉屑。

干粘石墙面用 12mm 厚 1:3 水泥砂浆打底，并扫毛或划出纹道；中层用 6mm 厚 1:3 水泥砂浆；面层为黏结砂浆。其常见配比为水泥：砂：107 胶 =1:1.5:0.15 或水泥：石灰膏：沙子：107 胶 =1:1:2:0.15。冬季施工应采用前一配比，为了提高其抗冻性和防止析白，还应加入水泥量 2% 的氯化钙和 0.3% 的木质素磺酸钙。

黏结砂浆抹平后，应立即开始撒石粒。手甩粘石的主要工具是拍子和托盘。先甩粘石四周易干的部位，然后甩中间，要求做到大面均匀，边角不漏粘。待到黏结砂浆表面均匀粘满石渣后，用拍子压平拍实，使石渣埋入黏结砂浆 1/2 以上。

干粘石墙面操作时在黏结砂浆中掺入适量的 107 胶，使黏结层与基层，石渣与黏结层之间的黏结牢度大大提高，从而进一步提高了耐久性和装修质量。与水刷石相比，它可提高工效 50%，节约水泥 30%，节约石子 50%，已基本上取代了水刷石的做法。

为了解决干粘石墙面完全手工操作、劳动强度较大的难题，一种被称为“喷粘石”的工艺正在被推广应用。喷粘石的主要特点：用压缩空气带动喷斗喷射石渣，以取代手甩石渣，部分工序实现机具操作，从而进一步提高了工效。其装饰效果与手工粘石相同。

喷石屑是喷粘石工艺与干粘砂做法的发展。喷石屑所用的石屑粒径小，先喷上墙的石屑之间所留空隙易于被其后的石屑所填充，喷成的表面显得更密实；石屑粒径小，同样质量或体积的石屑还比小八厘石渣所能覆盖的面积多几倍，从而弥补了手持式喷斗在上料方面的不足。

黏结砂浆可以手抹，也可以机喷。由于石渣粒径缩小（粒径 2 ~ 3mm），黏结层厚度减薄，这为应用挤压式砂浆泵喷涂黏结层砂浆提供了可能。

对于要求墙面颜色淡雅、明亮的高级装饰工程，其黏结砂浆可以采用白水泥。为提高面层的耐污染性能，还可以在黏结砂浆中掺入甲基硅醇钠疏水剂。

喷石屑墙面的主要优点：省工、省料、自重轻、造价低。它有可能实现各主要工序的机具操作，是现代墙面发展方向之一，可以大力推广应用。其不足之处：表面凹凸，质感没有干粘石明显。

粘石类墙面除了常用天然石渣外，还可以采用人工烧制的彩色瓷粒代替。由于瓷粒颗粒较小（粒径 1.2 ~ 3mm），自重轻，墙面厚度大大减薄，因此特别适用于高层建筑。

第三节 涂刷类墙面装饰的构造

涂刷类墙面是指将建筑涂料涂刷于构配件表面并与之较好地黏结，以达到保护、装饰建筑物，并改善构配件性能的装饰层。

与其他种类墙面相比，涂刷类墙面具有工效高、工期短、材料用量少、自重轻、造价低等优点。涂刷类墙面的耐久性略差，但维修、更换很方便，而且简单易行。

随着石油化学工业的发展，涂料产品的原料摆脱了天然植物油脂的限制，拥有广泛的来源。目前，建筑涂料由于其量大、面广正日益受到重视，在质量和耐久性方面也都有较大的改善。

在涂刷类墙面装饰中，涂料几乎可以配成任何需要的颜色。这是它在装饰效果上的一个优点，也是其他墙面材料所不及的。涂刷类墙面中，涂料所形成的涂层较薄，即使采用厚涂料或拉毛等做法，也只能形成微弱的麻面或小毛面。涂刷类墙面的本身效果是光滑而细腻的，要使涂饰表面有丰富的饰面质感，就必须先在基层表面创造必要的质感条件。所以，外墙涂料的装饰作用主要在于改变墙面色彩，而不在于改善质感。

为了便于理解，本书将参照有关规范的分类方法，将涂刷类墙面分为涂料墙面和刷浆墙面两大部分。

一、涂料墙面

传统的涂料主要指油漆，是以油料为原料配制而成。目前，以合成树脂和乳液为原料的涂料，其用量已大大超过油料；以无机硅酸盐和硅溶胶为基料的无机涂料，也已被大量应用。

根据物理状态的不同，建筑涂料可划分为溶剂型涂料、水溶性涂料、乳液型涂料和粉末涂料等。

根据建筑物涂刷部位的不同，建筑涂料可划分为为外墙涂料、内墙涂料、地面涂料、顶棚涂料和屋面涂料等。

1. 外墙涂料

根据装饰质感的不同，外墙涂料可以划分为薄涂料、厚涂料和复层涂料。

(1) 常用外墙厚涂料和复层涂料的品种及性能见表 3–1。

(2) 常用外墙薄涂料的品种及性能见表 3–2。

2. 内墙涂料

常用内墙涂料、顶棚涂料的品种和性能见表 3–3。

表 3–1 常用外墙厚涂料和复层涂料的品种及性能

名　　称	主要成分及性能特点	适用范围及施工注意事项
PG–838 浮雕漆厚涂料	主要成分为丙烯酸酯。具有鲜明的浮雕花纹，耐水性：1500h；耐碱性：1500h；耐冻融性：> 30 次；耐紫外线：> 100h；遮盖力：1 ~ 1.1g/m^2	用于水泥砂浆、混凝土、石棉水泥板、砖墙等基层。可用喷涂施工。涂层干燥后再罩一遍面层罩光涂料。施工温度：5℃；表干：30min；实干：24h
彩砂涂料	主要成分为苯乙烯、丙烯酸酯。该涂料无毒、不燃、耐强光、不褪色、耐水性：500h；耐碱性：500h；耐冻融：50 次；耐老化：100h	用于混凝土、水泥砂浆等基层。喷涂施工，本品严禁受冻。风雨天禁用。最低施工温度：5℃

续表

名　　称	主要成分及性能特点	适用范围及施工注意事项
乙－丙乳液厚涂料	主要成分为醋酸乙烯、丙烯酸酯。该涂料的涂层厚实、外观质感好、耐候性好，耐水性：24h；耐碱性：24h；耐冻融性：5 次；使用寿命 8 年	用于水泥砂浆、加气混凝土、石棉水泥板等基层。可用喷、滚、刷施工法。如果涂料太稠可用水进行稀释。最低施工温度：8℃；干时 30min
各色丙烯酸拉毛涂料	主要成分为苯乙烯、丙烯酸酯。该涂料具有较好的柔韧性和耐污染性，黏结强度高，耐水性：96h；耐碱性：96h；使用寿命 8 年	适用于水泥砂浆基层或顶棚，滚、弹施工均可。最低施工温度：5℃；表干：30min；实干：24h
JH8501 无机厚涂料	主要成分为硅酸钾。本品无毒、无味、无公害，涂膜强度及黏结强度高，耐候性、耐冻融性好，耐水性：1440h；耐碱性：720h；耐老化：1000h	用于外墙装饰。喷、滚涂均可，应先在基层上喷涂或刷涂封底浆料。最低施工温度：0℃；大风、雨天不得施工
8301 水性外用建筑涂料	主要成分为过氧乙烯等。本品耐酸、耐碱、耐冲刷、耐污染，耐冻融性: 50 次; 遮盖力: 350 ～ 400g/m^2	用于水泥砂浆、饰面水泥板、砖墙等基层。刷、喷施工均可。最低施工温度：5℃

表 3–2 常用外墙薄涂料的品种及性能

名　　称	主要成分及性能特点	适用范围及施工注意事项
建 81 外墙涂料	主要成分为苯乙烯、丙烯酸酯。本品无毒、无味，耐水性：＞ 1000h；耐碱性：＞ 500h；耐冻融性：30 次	用于外墙。喷、刷涂施工均可。要求基层平整，无灰土及黏附物。最低施工温度：5℃；干时：2h
SA–1 型乙－丙外墙涂料	主要成分为醋酸乙烯、丙烯酸。本品无毒、无味、耐老化。耐水性：1440h；耐碱性：1772h；耐洗刷性：100 次；遮盖力：200g/m^2	适用于水泥砂浆，混凝土墙面。喷、刷、滚、淋施工均可。两次涂饰施工间隔 4h 以上。最低施工温度：0℃；干时：＜ 2h
865 外墙涂料	主要成分为磷酸铝。本品抗紫外线优良，遮盖力强，耐冻、耐水性：1000h；耐碱性：1000h；人工老化：2000h	适用于外墙。喷、滚、刷施工均可。要求基层平整、干净。最低施工温度: 0℃; 表干: 4h；实干：8h
有机无机复合涂料	主要成分为硅溶胶。本品耐污染，耐水性: 100h；耐碱性：100h；耐洗刷性：1000 次；耐冻融性：50 次；人工老化：1000h	适用于内、外墙面饰面。喷、刷施工均可。最低施工温度：2℃
107 外墙涂料	主要成分为聚乙烯醇。本品属水溶性涂料，无毒无味，耐水、耐碱、耐热、耐污染，遮盖力：＜ 300 g/m^2	适用于外墙面。最低施工温度: 10℃; 表干: 1h；实干：24h
高级喷磁型外墙涂料	涂料饰面由底、中、面三层复合而成。底、面层为防碱底漆（溶剂型）；中层为弹性类涂料。本品装饰质感好，耐酸、耐碱、耐水性良好，耐磨性：500 次；人工老化：250h	适用于混凝土、砂浆、石棉瓦楞板、预制混凝土等墙面。底层涂料：喷涂、滚涂；中层涂料：喷涂、滚涂、刷涂均可；面层涂料：必须在中层涂料充分干燥后进行。最低施工温度：5℃

表 3–3 常用内墙涂料、顶棚涂料的品种和性能

名　称	主要成分及性能特点	适用范围及施工注意事项
LT–1 有光乳胶涂料	主要成分为苯乙烯、丙烯酸酯。本品无臭、无着火危险，施工性能好，能在潮湿的表面施工，保光性和耐久性较好	用于混凝土、灰泥、木质基面，刷、喷施工均可。使用时严禁掺入油料和有机溶剂。最低施工温度：8℃；相对湿度≤ 85%
SJ 内墙滚花涂料	主要成分为苯乙烯、丙烯酸酯。耐水性：2000h；耐碱性：1500h；耐洗刷性：> 1000 次	适用于内墙面滚花涂饰。要求基层平整度较好，小孔凹凸等应批嵌平整
JQ–831、JQ–841 耐擦洗内墙涂料	主要成分为丙烯酸乳液。本品无毒、无味、耐酸、不易燃、保色，耐水性：500h；耐擦洗性：100 ~ 250 次	适用于内墙装饰及家具着色。刷、喷施工均可。若涂料太稠可用水稀释，不能与溶剂及溶剂型涂料混合。最低成膜温度：5℃
乙 – 乙乳液彩色内墙涂料	主要成分为聚乙烯醇。本品无毒、无味、涂膜坚硬、平整光滑，耐水性：168h；遮盖力：< $300g/m^2$	用于水泥砂浆、石灰砂浆、混凝土、石膏板、石棉水泥板等基层。喷、刷、滚施工均可，盛器不宜用铁桶。最低施工温度：10℃
乙 – 丙内墙涂料	主要成分为醋酸乙烯、丙烯酸酯。本品具有耐久、保色、无毒、不燃、外观细腻等特点	适用于内墙面。喷、滚、刷施工均可。可用水稀释，一般一遍成活。最低施工温度：15℃；表干：≤ 30min；实干< 24h
803 内墙涂料	主要成分为聚乙烯醇缩甲醛。无毒、无臭、涂膜表面光洁，耐水性：24h；耐洗刷性：100 次；遮盖力：< $300g/m^2$	用于水泥墙面、石灰墙面。采用刷涂施工，不可加水或其他涂料。最低施工温度：10℃；表干：30min；实干：2h
彩色滚花涂料	主要成分为聚乙烯醇。本品无毒、无味、质感好，类似墙布和塑料壁纸，耐水性：48h；耐擦洗性：200 次	可在 106 内墙涂料上进行滚花及弹涂装饰
膨胀珍珠岩喷浆涂料	主要成分为聚乙烯醇、聚醋酸乙烯。该涂料质感好，类似小拉毛，可拼花，喷出彩色图案	适用于天花板、木材、水泥砂浆等基层。采用喷涂施工，涂料不能长期置于铁桶中，也不宜长期暴露于空气中。最低施工温度：5℃
206 内墙涂料	主要成分为氯乙烯、偏氯乙烯。本品无毒、无味、耐水、耐碱、耐化学性能，各种气体、蒸汽等只有极低的透过性	适用于内墙面。可在稍潮湿的基层上施工。水涂料分两部分，配比为色浆∶氯偏轻漆 =4:1
过氧乙烯内墙涂料	主要成分为氯乙烯树脂。属溶剂型涂料，具有较好的防水性、耐老化性	适用于内墙面。本品有刺激性气味，故不宜喷涂施工
水性无机高分子平面状涂料	主要成分为硅溶胶。本品外观平滑无光，具有消光装饰作用，耐水性: 96h; 耐碱性: 48h；耐洗刷性：300 次	适用于厨房、卫生间、走廊。喷涂施工。最低施工温度：5℃
乳胶漆内墙涂料	主要成分为高分子黏结剂、合成乳液。本品无刺激性气味，耐水性：24h；耐洗刷性：200 次	用于石灰基层、水泥基层。刷、滚施工均可。最低成膜温度：0℃；表干：2h；实干：6h

3. 特种涂料

常用特种涂料的品种及性能见表 3-4。

表 3-4 常用特种涂料的品种及性能

名　　称	主要成分及性能特点	适用范围及施工注意事项
AAS 隔热防水涂料	主要成分为丙烯酸丁酯、苯乙烯、丙烯腈共聚乳液。本品具有隔热、防水、浅色、降温、装饰效果好、无毒、耐污染等特点，耐水性：360h；耐碱性：360h；耐冻融性：30 次	适用于屋面板、拆板、冷库屋顶、外墙等。基层要求坚实、平整，涂料成膜前，防止水淋和大风吹，中午烈日下不宜施工。喷、刷、涂施工均可。最低成膜温度：4℃
铝基反光隔热涂料	本品具有反光、隔热、防水、防腐蚀、耐风雨、防老化等优点	主要用于各种沥青基防水材料组成的屋面防水层、纤维瓦楞板等。基层应干燥、无油斑、无锈迹。本品易燃，施工时应远离火种
JS 内墙耐水涂料	主要成分为聚乙烯醇缩甲醛、苯乙烯、丙烯酸酯等。本品耐擦洗、质感细腻、装饰效果好，适用于超市基层施工，耐水性：3600h；耐碱性：72h；耐老化：500h	适用于浴室、厕所、厨房等潮湿部位的内墙。刷涂施工时，应先在基层上刮水泥浆或防水腻子
有机硅建筑防水剂	主要成分为甲基硅酸钠。本品透明无色，保护物体色彩不退，具有防水、防潮、防尘、防渗漏、防腐蚀、防风化开裂、防老化等特点	适用于土壁、石墙、文物、浴室、厕所、厨房墙面及天花板的罩面。刷、喷施工均可，施涂后 24h 内防止雨淋。以水为稀释剂
各色丙酸过氯乙烯厂房防腐漆	主要成分为丙烯酸树脂，过氯乙烯树脂。本品快干、保色、耐腐蚀、防湿热、防盐雾、防霉	用于厂房内外墙防腐与涂刷装饰。喷、刷、滚均可。表干：20min；实干：30min
钢结构防水涂料	主要成分为蛭石骨料。涂层厚度：2.8cm；耐火极限：3h；涂层厚度为 2.0 ~ 2.5cm 时，满足一级耐火等级	适用于钢结构和钢筋混凝土结构的梁、柱、墙和楼板的防火层。采用抹涂或喷涂。最低施工温度：5℃
CT-01-03 微珠防火涂料	主要成分为无机空心微珠。本品防火、隔热、耐高温，耐火度：1200℃，喷火 60min 不燃，耐水性：960h；耐碱性：170h；耐酸性：170h	用于钢木结构、混凝土结构。喷、刷施工均可
106 预应力混凝土楼板防火隔热涂料	主要成分为黏结剂、珍珠岩、硅酸铝纤维。预应力混凝土楼板上喷涂 5mm，耐火极限可提高到 2h	用于预应力混凝土楼板梁。喷涂施工，厚度为 5mm，宜喷 3 遍。最低施工温度：5℃
B67-1 阻尼涂料	主要成分为丙烯酸树脂、环氧树脂。具有减振、隔声、绝热、密封等特点，耐水性：24h	用于隔声。刷、喷均可，一般涂厚为基板的 2 倍或钢板质量的 20% 左右，其阻压效果最好
水性内墙防霉涂料	主要成分为氯偏乳液。本品无毒、无味、不燃，防霉性：0 级；耐水性：720h；耐碱性：720h；耐洗刷性：300 次	适用于易霉变的内墙，以水泥砂浆基层为宜。刷涂施工程序：清洁→杀菌→批嵌→刷涂。应避免涂料与铁器接触。最低施工温度：5℃

续表

名　　称	主要成分及性能特点	适用范围及施工注意事项
WS-1 型卫生灭蚊涂料	主要成分为聚乙烯醇、丙烯酸树脂、复合杀蚊剂。本品无臭、无毒，对人畜无害，可速杀蚊蝇、蟑螂，速杀效果达 100%，有效期 2 年	用于城乡住宅、医院、宾馆、宿舍，以及有卫生要求的商店、工厂的内墙粉刷。一般两遍即可
1#、2# 丙烯酸文物保护涂料	主要成分为甲基丙烯酸、聚乙烯醇酸丁醛。本品耐候、耐热、防霉、抗风化、渗透性好	用于室内多孔性文物和遗迹的保护。滴、淋、刷、喷施工均可。1#、2# 可以单独使用，也可配合使用。配合用时，先涂 1#，再涂 2#，其效果比单独用更佳

二、刷浆墙面

刷浆墙面是将水质涂料喷刷在建筑物抹灰层或基体等表面上，用以保护墙体、美化建筑物的装饰层。水质涂料的种类较多，适用于室内刷浆工程的有石灰浆、大白粉浆、可赛银浆、色粉浆等；适用于室外刷浆工程的有水泥避水色浆、油粉浆、聚合物水泥浆等。

1. 水泥避水色浆

水泥避水色浆，又名“憎水水泥浆”。这种涂料在白水泥中掺入消石灰粉、石膏、氯化钙等无机物作为保水剂和促凝剂，另外还掺入硬脂酸钙作为疏水剂，以减少涂层的吸水性，延缓其被污染的进程。这种涂料的质量配合比是 325# 白水泥：清石灰粉：氯化钙：石膏：硬脂酸钙 =100:2:5:(0.5 ~ 1):1。

根据需要可以适当掺入颜料，但大面积使用时往往不易混匀。这种涂料的涂层强度比石灰浆高，但配置时材料成分太多，量又很少，在施工现场不易掌握。硬脂酸钙如不充分混匀，涂层的疏水效果不明显，耐污染效果就不会显著改进。由于砖墙析出的盐碱较一般砂浆、混凝土基层更多，对涂层的破坏作用也就更大，效果也差，但是比石灰浆更好。

2. 聚合物水泥浆

聚合物水泥浆的主要组成成分为水泥、高分子材料、分散剂、憎水剂和颜料。目前，常用的聚合物水泥浆有两种配合比，见表 3–5。

聚合物水泥浆比水泥避水色浆的强度高，耐久性好，施工方便，但其耐久性、耐污染性和装饰效果都还存在着较大的局限性。在大面积使用时，会产生颜色深浅不匀的现象。墙面基层的盐碱析出物很容

表 3–5 常用的聚合物水泥浆配合比（体积比）

主材比例	配料比例						
白水泥	107 胶	乙 – 丙乳液	聚醋酸乙烯	六偏磷酸钠	木质素磺酸钙	甲基硅醇钠	颜料
100	20			0.1	0.3	60	适量
100		20 ~ 30					

易出现在涂层表面而影响装饰效果。因此，这种涂料只适用于一般等级工程的檐口、窗套、凹阳台墙面等水泥砂浆面上的局部装饰。

3. 石灰浆

石灰浆是由熟石灰（消石灰）加水调和而成的。保证这种涂料质量的关键，是使用充分消化而又尚未开始其变化过程的熟石灰。如果将消化不完全的石灰刷上墙，则会因为它的继续消化、膨胀而引起开裂、起鼓和脱落。因此，在调制石灰浆涂料时，必须事先将生石灰块在水中充分浸泡。

将石灰浆涂料作为室内墙面材料进行粉刷是一种传统做法。为提高附着力，防止表面掉粉和减少沉淀现象，有加入少量食盐和明矾的做法。但总体来看，还是易脱落、掉粉、易增灰、不耐用。

石灰浆涂料也可用作外墙面的粉刷，比较简单的方法是掺入一定量所需的颜料，混合均匀后即可使用。由于石灰浆本身呈较强的碱性，因此在配制色浆时，必须采用耐碱性好的颜料，如氧化铁黄、氧化铁红及红土子等矿物颜料。

石灰浆涂料耐水性较差，它的涂层表面孔隙率高，很容易吸入带有尘埃的雨水，造成污染，所以用作外墙饰面时，耐久性也较差。

4. 油粉浆

油粉浆是利用生石灰熟化时散发的热量将熟桐油乳化配制而成。熟桐油掺量为生石灰用量的 10% ～ 30% 不等，掺量为 30% 时质量较好。常用的配比为生石灰：熟桐油：食盐：血料：滑石粉 =100:30:5:5:(30 ～ 50) 或生石灰：熟桐油：食盐：滑石粉：水泥 =100:10:10:75: 40，并加适量颜料、水、浆过筛。第一种配比适用于室内较高级的刷浆，第二种配比适用于室外刷浆。熟桐油分子分布在涂层内，改善了涂层的柔韧性和耐水性，因此油粉浆涂料比普通石灰浆涂料的耐久性强。

5. 大白粉浆

大白粉，也称“白垩粉”“老粉”“白土粉”，它是有一定细度的碳酸钙粉末，本身没有强度和黏结性，在调制涂料时，必须掺入胶结料。

大白粉浆，简称“大白浆”，是以龙须菜、石花菜等煮熬而得的菜胶及火碱面胶。为了防止大白粉浆干后掉粉，采用菜胶时可另掺入一些动物胶。火碱面胶是将面粉与水调和后加入火碱（烧碱），利用火碱在水中溶解时释放出的热量使面粉“熟”化成黏稠的糊状物，再将此糊状物与已用水调和的大白粉混合均匀，即成涂料。目前，多采用 107 胶或聚醋酸乙烯乳液代替菜胶、面胶作为大白粉浆的胶结料，不仅简化了配制工序，而且在一定程度上提高了大白浆的性能。大白粉浆的配合比及调制方法见表 3-6。

大白浆经常需要配成色浆使用，应注意所用的颜料要有好的耐碱性及耐光性。在刷色浆时，要从刮腻子开始就加入颜料，腻子至浆料的颜色可由浅至深，最后一遍浆料的颜色应与要求的一致，这样比较容易涂均匀。

大白浆的盖底能力较强，涂层外观较石灰浆细腻、洁白，而且货源充足、价格

表 3-6 大白浆的配合比及调制方法

名　　称	配合比（质量比）	调 制 方 法
龙须菜大白浆	大白粉：龙须菜：动物胶：水 =100：（3 ~ 4）:（1 ~ 2）:（150 ~ 180）	将龙须菜浸入水中 4 ~ 8h，待龙须菜涨胖后洗净加水熬烂，过滤冷冻后，用其汁液加少量水与大白粉（先加少量水拌成稠浆状）拌均匀，用筛过滤即成，用时加少量清水和动物胶以及防脱粉。每配 1 次 1 天用完，以免降低黏性
火碱大白浆	大 白 粉：面 粉：火 碱：水 =100：（2.5 ~ 5）:1:（150 ~ 180）	先将面粉用水调稀，再加入火碱溶液制成火碱面粉胶，然后将其兑入已用水调稀的大白粉浆中
乳胶大白浆	大白粉：聚醋酸乙烯乳液：六偏磷酸钠：羧甲基纤维素=100:（8 ~ 12）:（0.05 ~ 0.5）:（0.2 ~ 0.1）	先将羧甲基纤维素浸泡于水中，比例为羧甲基纤维素：水 =1:（60 ~ 80），浸泡 12h 左右，待完全溶解成胶状后过滤加入大白粉浆
107 胶大白浆	大白粉 :107 胶 =100:（0.15 ~ 0.2）	将 107 胶放入水中配成溶液，再与大白粉拌匀即可
聚乙烯醇大白浆	大白粉：聚乙烯醇：羧甲基纤维素 =100:（0.5 ~ 1）:0.1	将聚乙烯醇放入水中加温溶解后倒入浆料中拌匀，再加羧甲基纤维素即可
田仁粉大白浆	大白粉：田仁粉：牛皮胶：清水 = 100:3.5:2.5:（150 ~ 180）	在容器中边放开水边搅动，放 100 ~ 120kg 开水，需田仁粉 4kg，太厚还可以加开水，搅动要快，撒粉不致黏结，使用前一天冲调效果较好

很低，操作使用和维修更新都比较方便，因此它的应用较为普遍。

6. 可赛银浆

可赛银浆是以碳酸钙、滑石粉等为填料，掺入颜料混合而成的粉末块材料，也称“酪素涂料”。使用时，先用温水将粉末充分浸泡，使酪素充分溶解，然后再用水调至施工稠度即可使用。可赛银浆与大白浆相比较，其优点在于它是在生产过程中经磨细、混合的，有很好的细度和均匀性，特别是颜料也事先混匀，施工时容易取得均匀一致的效果。此外，它与基层的

小贴士

淡季装修油漆涂饰质量有保证

每年的 9—11 月是传统的装修旺季，很多家装公司的业务繁多，服务不够周到，施工员的素质更是参差不齐，有经验的施工员都是一人干着几家的活，难免出现赶工的问题。而夏天温度高，油漆干得快，打磨也就及时，油漆的亮光度能充分体现，刷出的漆面效果最佳。

黏结力强，耐碱与耐磨性也较好。

第四节
贴面类墙面装饰的构造

贴面类墙面在目前中高级建筑墙面装饰中经常用到。贴面材料可分为三类：一是陶瓷制品，如瓷砖、面砖、陶瓷锦砖等；二是天然石材，如花岗岩、大理石等；三是预制块材。由于材料的形状、质量、适用部位不同，因而它们的墙面构造方法也就有一定的差异。轻而小的块材可以直接镶贴，大而厚重的块材则必须采用钩挂等方式，以保证它们与主体结构连接牢固。

一、陶瓷制品墙面

陶瓷制品是以陶土为原料，压制成型后，经 1100℃左右的高温煅烧而成的。它具有良好的耐风化、耐酸碱、耐水、耐磨、耐久等性能，可以做成各种美丽的颜色和花纹。陶瓷制品的表面可上釉也可不上釉，上釉会成有反光的饰面，如瓷砖及琉璃；不上釉则成柔和的平光面，如无釉砖、缸砖、锦砖等。

1. 面砖

外墙面砖根据表面是否挂釉、平滑及有一定纹理质感等特点，可划分为如下四类：

(1) 表面无釉外墙面砖，又称墙面砖；

(2) 表面有釉外墙面砖，又称彩釉砖；

(3) 线砖，又称泰山砖，表面有凸起纹线；

(4) 外墙立体贴面砖，又称立体彩釉砖，其特点是表面上釉，呈现各种立体图案。

外墙面砖的常见规格为 200mm × 100mm、150mm × 75mm、75mm × 75mm、108mm × 108mm 等，厚度为 6 ~ 15mm。

外墙面砖粘贴时，用 1∶3 水泥砂浆作底灰，厚度为 15mm。贴面砖前，先将表面清扫干净，然后将面砖放入水中浸泡，粘贴前晾干或擦干。黏结砂浆用 1∶2.5 的水泥砂浆或 1∶0.2∶2.5 水泥石灰混合砂浆，稠度需适中。粘贴时，可在面砖黏结面上随贴随刷一道混凝土界面处理剂，以增强黏结力，然后将黏结砂浆抹在面砖背后，厚度为 6 ~ 10mm，对位轻轻敲实。粘贴完一行后，需将每块面砖上的灰浆刮净。待整块墙面贴完后，用 1∶1 水泥细砂浆做勾缝处理（图 3-4）。

2. 釉面砖（瓷砖）

瓷砖因为正面挂釉，所以又称“釉面瓷砖”，它是用瓷土或优质陶土烧制成的墙面材料。其底胎一般呈白色，表面上釉可以是白色，也可以是其他颜色的。因为是由氧化钛、氧化钴、氧化铜等高温煅烧而成，所以颜色稳定、经久不变。瓷砖表面光滑、美观、吸水率低，多用于室内需要经常擦洗的墙面或地面，如厨房墙裙、卫生间等处，一般不用于室外。瓷砖的一般规格为 152mm × 152mm、108mm × 108mm、152mm × 76mm、50mm × 50mm 等，厚度为 4 ~ 6mm。此外，在转弯或结束部位，均设有阳角条、阴角条、压条或带有圆边的构件等。

瓷砖墙面的底灰为 12mm 厚、配比

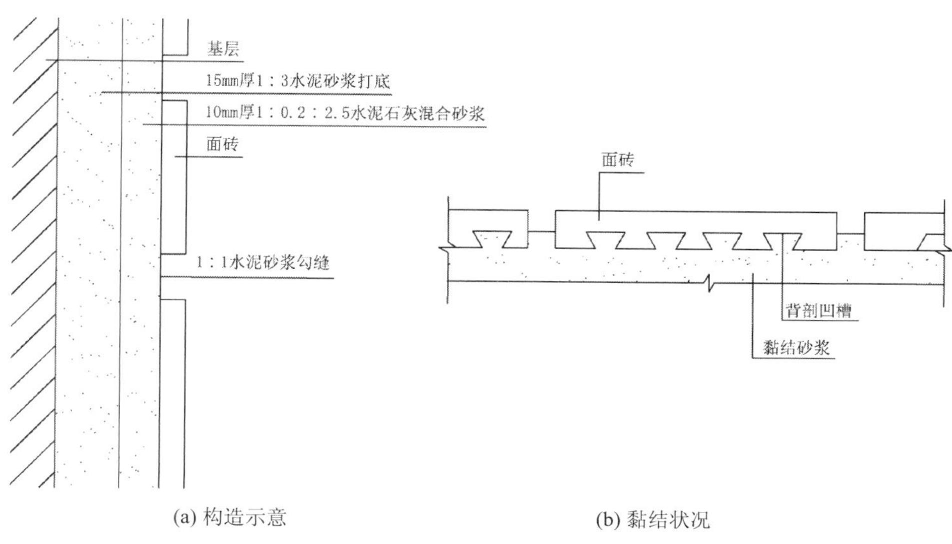

(a) 构造示意　　(b) 黏结状况

图 3-4　外墙面砖构造

为 1:3 的水泥砂浆。瓷砖粘贴前应浸透并阴干待用，粘贴时由下向上横向逐行进行。为便于洗擦和防水，要求安装紧密，一般不留灰缝，细缝用白水泥擦平。

瓷砖的粘贴方法有两种：一种是软贴法，即用 5 ~ 8mm 厚、配比为 1:0.1:2.5 的水泥石灰砂浆做结合层粘贴，这种方法需要有较高的技术能力；另一种是硬贴法，即在贴面水泥浆中加入适量的 107 胶，贴面水泥浆配比（质量比）为水泥：砂：水 :107 胶 = 1:2.5:0.44:0.03。由于水泥砂浆中含有 107 胶胶体阻隔水膜，砂浆不易流淌，容易保持墙面洁净，减少了清洁墙面的工序，而且能延长砂浆使用时间。此外，采用 107 胶水泥砂浆还可以使黏结层厚度减薄，一般只需 2 ~ 3mm。硬贴法技术要求较低，提高了工效，节约了水泥，减轻了面层自重，瓷砖黏结牢度也大大提高。

3. 陶瓷锦砖与玻璃锦砖

陶瓷锦砖，又称马赛克，是以优质瓷土烧制而成的小块瓷砖。陶瓷锦砖分挂釉和不挂釉两种，目前各地产品多为不挂釉者。原先取其美观、耐磨、耐酸碱、不渗水，有一定抗压强度、易清洗又不太滑等特点，主要用于室内地面的铺贴。陶瓷锦砖的规格较小，常用的有 18.5mm × 18.5mm、39mm × 39mm、39mm × 18.5mm 等，厚度为 5mm。后来因其可做成多种颜色，色泽稳定、耐污染，近几年来已大量用于建筑外墙面的铺贴。陶瓷锦砖与外墙面砖相比，具有面层薄、自重轻、造价低等优点，对高层建筑尤为适用。用于外墙饰面时，大多为无釉锦砖。陶瓷锦砖也有用于室内墙面的，但由于加工精度有限，效果欠佳。

玻璃锦砖，又称玻璃马赛克或玻璃纸皮砖，是由各种颜色玻璃掺入其他原料经高温熔炼发泡后，压制成的小块，并按不同图案贴于皮纸上。它主要用于外墙饰面，色泽较为丰富，排列的图案可以多种多样。常见的有尺寸为 20mm × 20mm × 4mm

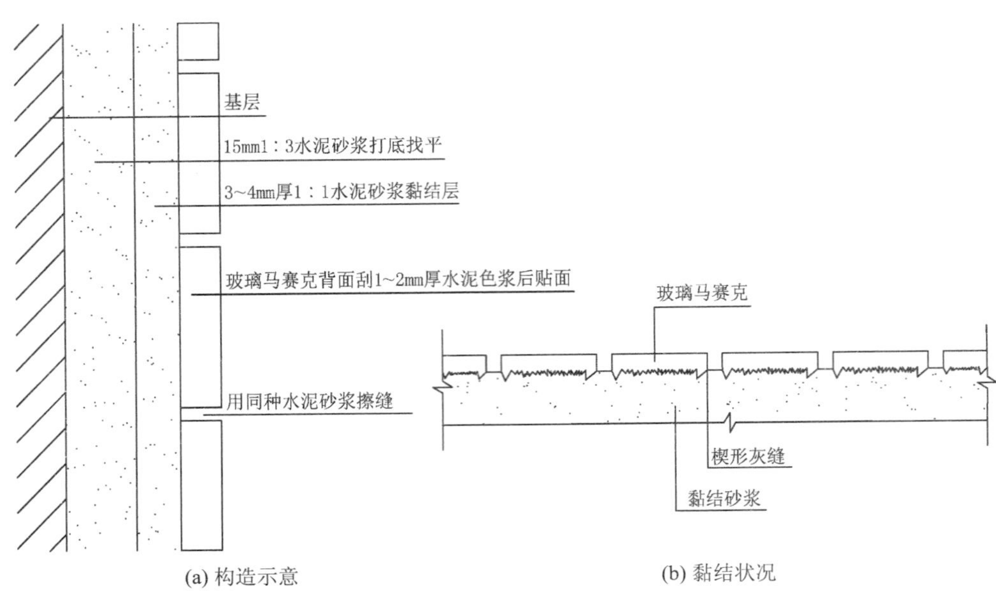

(a) 构造示意　　(b) 黏结状况

图 3-5　马赛克墙面构造

和 25mm×25mm×4mm 的方块陶瓷锦砖和玻璃锦砖，出厂前均已按各种图案反贴在皮纸上，施工时纸面向外，将皮纸覆盖在砂浆面上，用木板压平，待黏结层开始凝固，洗去皮纸，用铁板校正缝隙。

陶瓷锦砖和玻璃锦砖的镶贴方法基本相同。施工时，先用 12mm 厚、1:3 水泥砂浆打底，再用 3mm 厚、1:1:2 纸筋石灰清水泥混合灰（内掺水泥重 5% 的 107 胶）做黏结层铺贴，最后用素水泥浆平缝（图 3-5），为了避免锦砖脱落，一般不宜在冬季施工。

4. 琉璃

琉璃是我国传统的建筑装饰材料，表面上釉，有金黄、绿、紫、蓝等鲜艳色彩。它可以根据不同的设计要求，烧制成平砖或凹凸不平的花纹砖。凹凸的深度根据花饰的部位而定，但过分复杂的花纹不但不易出模，而且不易控制煅烧时间，所以凹凸的深度一般可控制在 20 ~ 40mm。花饰的分块线也应选在较隐蔽之处，以免影响外观。

琉璃构件根据尺度不同，可分为小型、中型和大型三类。

(1) 小型琉璃构件。

当琉璃构件较小（长或宽为 100 ~ 150mm，厚度为 10 ~ 20mm）时，可选用 1:3 ~ 1:2 的水泥砂浆黏结，常用于檐口、腰线、女儿墙等部位。琉璃构件的背面应开槽或带肋，以增强黏结力。

(2) 中型琉璃构件。

当琉璃构件的长或宽为 300 ~ 500mm 时，构件的背面应留有小孔。安装时，将构件用铜丝或镀锌铁丝扎在固定于墙面的钢筋网上，然后灌水泥砂浆固定。

(3) 大型琉璃构件。

一些规格较大的空心琉璃块或各种特殊形状的琉璃构件，可将其挂在结构凸出物上或套在结构层上，再用螺栓连接或焊接法，将琉璃构件与预埋铁连接，并在琉璃构件与墙面之间灌注砂浆固定。

二、天然石材墙面

天然石料可以加工成板材、块材和面砖而用作墙面材料。它具有强度高、结构致密和色泽雅致等优点，但是货源少，价格昂贵，常用于高级建筑装饰工程。常用的墙面石料有花岗岩、大理石、青石板、石灰岩、凝灰岩、白云岩等。石材表面按设计要求，可以保持自然状态，也可以加工成尖粒状、虫蛀状及凹凸不平的花纹状。我国使用的花岗岩板材和大理石板材，以加工成光平表面为多。

采用天然石材做墙面装饰时，应根据墙面的高与宽，扣除门、窗洞口和分块灰缝，计算出装饰墙面的准确面积，以定出墙面板材或块材的具体尺寸。板缝的位置要慎重考虑。在细部设计中，除了应解决墙面层与墙体的固定技术外，外墙面还应处理好窗台、过梁底面、门窗侧边、出檐、勒脚、柱子以及各种凹凸面的交接和拐角构造，室内墙面也应处理好窗台、梁底面、门窗洞口、柱子、踢脚及不同墙面与地面交接等构造。

1. 大理石

大理石是一种变质岩，属于中硬石材。主要由方解石和白云石组成，其成分以碳酸钙为主（占50%以上），其他还有碳酸镁、氧化钙、氧化锰以及二氧化硅等。天然大理石的结晶是层状结构，其纹理有斑或条纹，是一种富有装饰性的天然石材。大理石含纯黑、纯白、纯灰等色泽，有各种混杂的花纹色彩。因此，大理石墙面板的品种常以其研磨抛光后的花纹、颜色特征及产地而命名。

大理石常用于装饰等级要求较高的工程中，作为墙面、柱面、栏杆、地面等墙面材料。除汉白玉、艾叶青等少数几种质纯、杂质少的品种外，大理石一般不宜用于室外。当用于室外装饰时，大理石中的碳酸钙与大气中的二氧化碳、硫化物、水汽等作用而转化为石膏，其表面很快失去光泽，并变得疏松多孔。

墙面对大理石的质量要求是光洁度高、石质紧密、无腐蚀斑点、棱角齐全、底面整齐、色泽美观。

大理石可锯成薄板，多数经过磨光打蜡加工成表面光滑的装饰板材，厚度一般为 20 ～ 30mm。

大理石墙面板材的安装方法有挂贴法（钢筋网固定法）、木楔固定法、干挂法、聚酯砂浆固定法、树脂胶黏结法、钢网骨架法等几种。下面对挂贴法和木楔固定法作简要介绍。

(1) 挂贴法。

首先要在结构中预留钢筋头，或在砌墙时预埋镀锌铁钩。安装时，在铁钩内先下主筋，间距 500 ～ 1000mm，然后按板材高度在主筋上绑扎横筋，构成钢筋网，钢筋直径为 6 ～ 9mm。板材上墙时，两边钻有小孔，选用铜丝或镀锌铁丝穿孔以便将大理石板绑扎在横筋上。大理石与墙身之间留 30mm 缝隙灌浆。施工时，要用活动木楔插入缝中来控制缝宽，并将石板临时固定，然后再在石板背面与墙面之间现浇水泥砂浆。灌浆宜分层灌入，每次不宜超过 200mm，离上口 80mm 即停止，以便上下连成整体。

安装白色或浅色大理石墙面板时，灌浆应用白水泥和白石屑，以防透底，影响美观。

(2) 木楔固定法。

木楔固定法在墙面上不安钢筋网，将钢丝的一端连同木楔打入墙身，另一端穿入大理石孔内扎实，其余做法与挂贴法相同。木楔固定法分灌浆和干铺两种处理方法。干铺时，先用石膏粉与 801 胶水调和成石膏腻子，全面找平，留出缝隙，然后用铜丝或镀锌铅丝将木楔和大理石拴牢。其优点是在大理石背面形成空气层，不受墙体析出的水分、盐分的影响而出现风化和表面失光的现象。干铺法不如灌浆法牢固，一般用于墙体可能经常潮湿的情况。而灌浆法是一般常用的方法，即用配比为 1:2.5 的水泥砂浆灌缝，但是要注意不能掺入酸、碱、盐等化学品，以免腐蚀大理石。

石板的接缝常采用对接、分块、有规则、不规则、冰纹等形式。除了破碎大理石墙面，一般大理石墙面接缝宽度为 1 ~ 2mm。

大理石墙面阴、阳角的拼接处理可参见图 3-6。

2. 花岗岩

花岗岩是火成岩中分布最广的岩石，是一种典型的深层岩，由长石、石英和云母组成，硬度很高。花岗岩有不同的色彩，如黑色、白色、灰色、粉红色等，纹理多呈斑点状。花岗岩不易风化变质，外观色泽可保持 100 年以上，因而多用于外墙面装饰。

墙面对花岗岩的质量要求是棱角方正，规格符合设计要求，颜色一致，无裂纹、隐伤和缺角等现象。

根据加工方法及形成的装饰质感不同，花岗岩墙面板可分为四种。

(1) 剁斧板，其表面粗糙，具有规则的条状斧纹。

(2) 机刨板，其表面平整，具有平行刨纹。

(3) 粗磨板，其表面平滑、无光。

(4) 磨光板，其表面平整，色泽光亮如镜，晶粒显露。

花岗岩墙面板中的剁斧板、机刨板、粗磨板等种类，被称为细琢面花岗岩。其一般墙面板厚度为 50mm，勒脚面板厚度为 76mm 或 100mm。

铺装时，板与板之间应通过钢销、扒钉等相连。板材较厚的情况下，也可以采用嵌块、石榫，还可以开口灌铅或用水泥砂浆加固。板材与墙体一般通过镀锌钢锚固件连接，锚固件有扁条锚件、圆杆锚件和线性锚件等。因此，根据其采用的锚固件的不同，所采用板材的开口形式也各不相同(图 3-7)。

较厚的板材拐角可做成“L”形错缝或 45° 斜口对接等形式；平接可用对接、搭接等形式(图 3-8)。

常用的扁条锚件的厚度为 3mm、5mm、6mm，宽 25mm、30mm。圆杆锚件多用 ϕ6、ϕ8 钢筋，线性锚件多用 ϕ3 ~ ϕ5 钢丝。

锚固完成后，在墙面板与基体结构的间缝中分层灌注 1:2.5 水泥砂浆。

磨光花岗岩(镜面花岗岩)墙面板厚度一般为 20 ~ 30mm，可采用挂贴法、木楔固定法、树脂胶黏结法、钢网骨架法

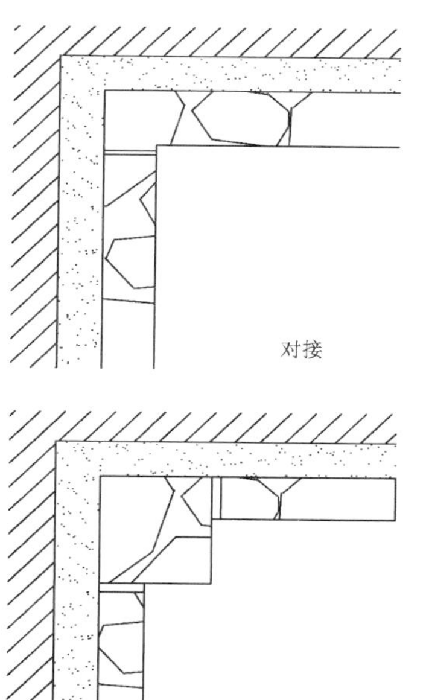

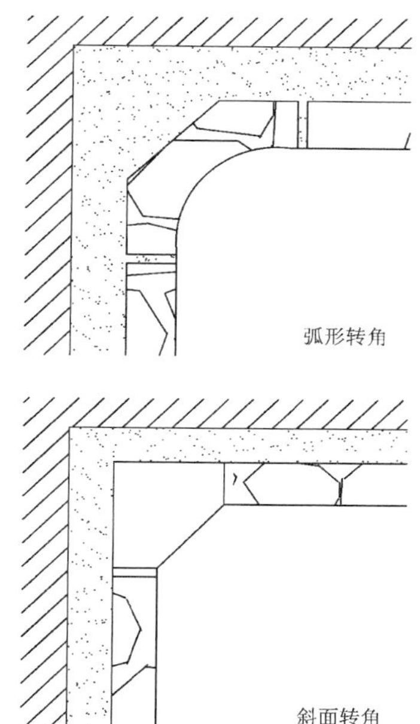

(a) 阴角处理

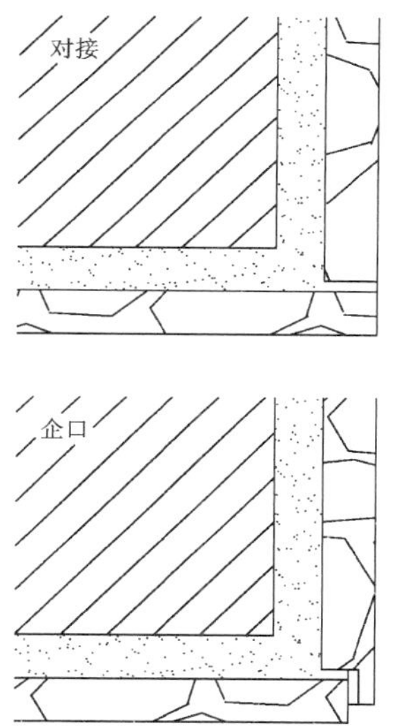

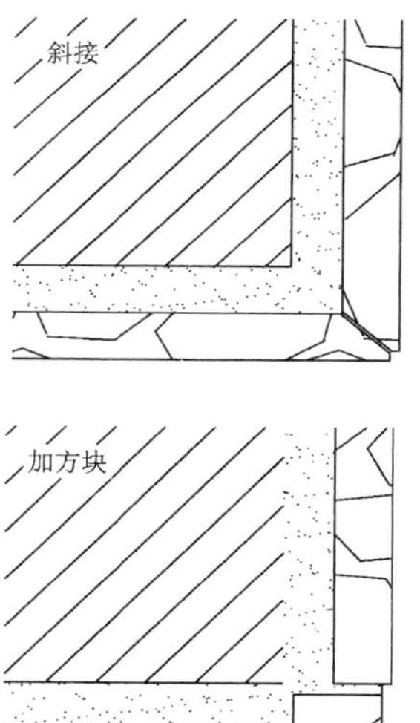

(b) 阳角处理

图 3-6　大理石墙面阴、阳角的拼接处理

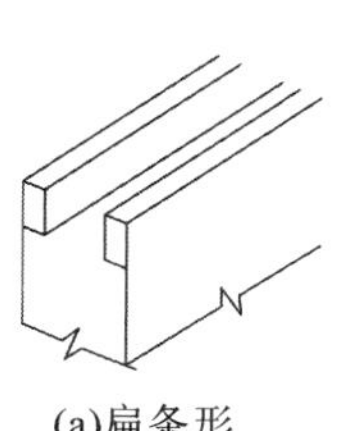

(a)扁条形

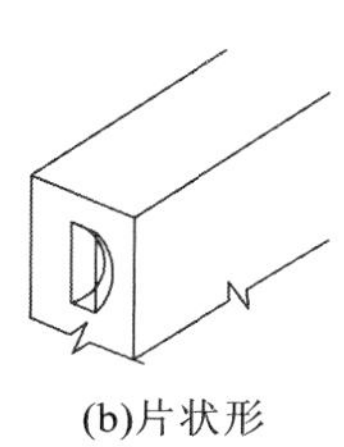

(b)片状形

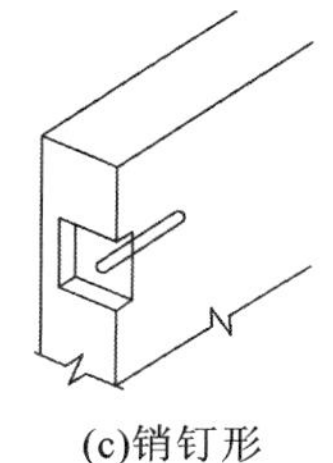

(c)销钉形

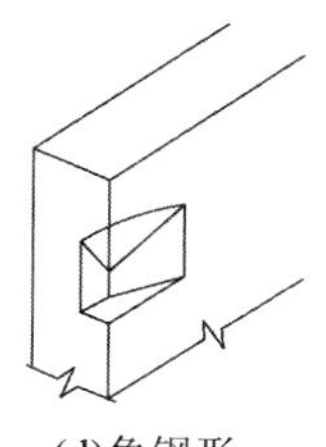

(d)角钢形

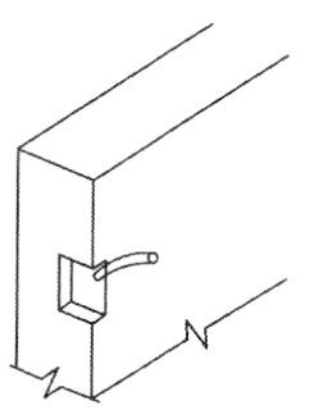

(e)金属丝开口

图 3-7　花岗岩板材开口形状

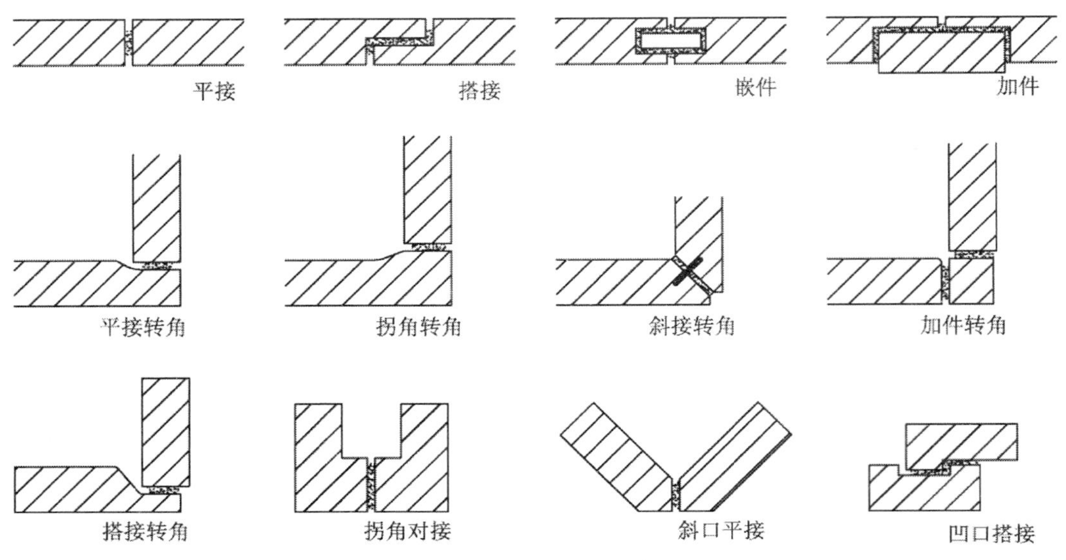

图 3-8　花岗岩板材拼接

或干挂法等方法安装，其工艺与大理石墙面板的方法相同。其中，干挂法是较新的安装方法。

干挂工艺可分为直接挂板法和花岗岩预制板干挂法两种。

直接挂板法安装花岗岩板块，是用不锈钢型材或连接件将板块支托并锚固在墙上，连接件用膨胀螺栓固定在墙面上，上下两层之间的间距等于板块的高度。安装的关键是板块上的凹槽和连接件位置的准确。花岗岩板块上的四个凹槽位应在板厚中心线上。

花岗岩预制板干挂法是将细石钢筋混凝土与磨光花岗石薄板预制成复合板，并在浇注成型前加入预埋件，使之连接成一体，然后再用不锈钢连接件进行干挂。

其他天然石材墙面板的安装均可参照大理石、花岗岩的安装方法，一般根据规格大小而确定应采用的安装构造及工艺。小规格面板可直接粘贴，大规格面板则必须用挂贴方法安装。

三、预制块材墙面

常用的预制块材主要有水磨石、水刷石、斩假石、人造大理石等。它们首先要经过分块设计、制模型、浇捣制品、表面加工等步骤制成预制块。在预制块达到预定强度后，才能进行安装。根据材料的厚度不同，预制块材又有厚型与薄型之分。薄型的厚度为 30 ~ 40mm，厚型的厚度为 40 ~ 130mm。

预制块的长、宽主要受质量制约，一般各为 1m 左右，以 2 个工人能够搬动、安装为宜。这样做虽然工序较复杂，并要适当配筋，而且造价较高，但有以下几个好处。

1. 工艺合理

施工工艺由现浇改为预制，可以充分利用机械加工。

2. 质量好

现浇水刷石、水磨石、斩假石墙面在耐久性方面的一个最大特点，就是石棉层比较厚、刚性大，墙体基层与面层在大气温度、湿度变化的影响下，胀缩不一致，容易开裂。虽然面层做了分格处理，但因底灰一般不分格，所以仍不能避免日久开裂，最终导致脱落。预制块表面积为 $1m^2$ 左右，本身有配筋，与墙体之间的黏结砂浆也有配筋网与挂钩，防止脱落与开裂。

3. 利于施工

现场安装预制块要比现浇用工少、速度快，省去了抹底找平的工作量，有利于减轻劳动强度和改善劳动条件。此外，还可以避免冬季现场制作墙面，保证了质量。

预制墙面块材和墙体的固定方法可参考大理石墙面。通常先在墙体内预埋铁件或甩出钢筋，然后绑扎钢筋网，再通过预埋在预制块上的铁件与钢筋网固定牢靠，离墙面 20mm 左右空隙，最后灌缝。块材的固定也可同花岗石墙面，通常采用搭钩或锚固。块体的上、下两面留有孔槽作铁件固定和上下行块材的接榫之用。块材的两个边缘都做成凹线，安装后可使墙面呈现出较宽的分块缝，而块材的实际拼缝宽约 5mm。

第五节
裱糊类墙面装饰的构造

一、裱糊类墙面装饰的特点

裱糊类墙面是指用壁纸、墙布等材料通过裱糊方式覆盖在外表面作为饰面层的墙面。在我国，用纸张、锦缎等裱糊室内墙面的历史由来已久。

裱糊类装饰一般只用于室内，可以作为室内墙面、顶棚或其他构配件的表面。它要求基底有一定的平整度。

与其他墙面装饰相比，裱糊类墙面装饰具有以下优点。

小/贴/士

墙砖裂缝预防

(1) 温差裂缝。砌筑材料在日照等温度变化较大的条件下，因材料层之间的膨胀系数不同而使墙面产生温度裂缝。因此要在墙体表面增加保护层，减缓并防止温度差异。常见的方法是在装饰层与砌筑层之间铺装聚苯乙烯保温板或涂刷柔性防水涂料，并在此基础上铺装一层防裂纤维网。

(2) 材料裂缝。使用低劣的砌筑材料也会造成裂缝，尤其是新型轻质砌块，各地生产标准与设备都不同，其裂缝主要由材料自身的干缩变形所引起，选购砌筑材料时要特别注重材料的质量。此外，还应采用稳妥的施工工艺，施工效率较高的铺浆法易造成灰缝砂浆不饱满、易失水且黏结力差等缺陷，因此应采用“三一”法砌筑（即一块砖、一铲灰、一揉挤）。砌块砌筑应提前一天湿润，砌筑时还应向砌筑面适量浇水，每天的砌筑高度应 ≤ 1.4m。在长度 ≥ 3.6m 的墙体单面设伸缩缝，并采用高弹防水材料嵌缝。

1. 施工方便

壁纸、墙布可以用普通胶粘剂粘贴，操作简便；可以减少现场湿作业量，缩短工期，提高工效。

2. 装饰效果好

壁纸、墙布有各种颜色、花纹、图案，如仿木纹、石纹、仿锦缎、仿瓷砖等，用于装饰后显得新颖别致、丰富多彩。有的壁纸、墙布表面凹凸起伏，富有良好的立体感和质感。

3. 多功能性

目前，市场供应的壁纸、墙布还具有吸声、隔热、防菌、防霉、耐水等多种功能，实用性强。

4. 维护保养方便

大多数壁纸、墙布都有一定的耐擦性和耐污染性，故墙面易保持清洁。用旧后，调换更新也很方便。

5. 抗变形性能好

大部分壁纸、墙布都具有一定的弹性，可以允许墙体或抹灰层有一定程度的裂纹，能简化高层建筑变形缝的处理程序。

裱糊类墙面经常被用于餐厅、会议室、高级宾馆客房和居住建筑中作内墙装饰。目前，裱糊类墙面还存在着价格较贵、耐用性差等缺点。

裱糊类墙面材料通常可分为壁纸和墙布两大类。

二、壁纸

壁纸的种类较多，主要有普通壁纸、塑料壁纸（PVC 壁纸）、复合纸质壁纸、纺织纤维壁纸、金属面壁纸、木片壁纸等。其主要性能特点见表 3-7。

纸基塑料壁纸是目前产量最大、应用最广的一种壁纸。它是以纸为基层，用高分子乳液涂布面层，然后采用印刷方法套单色或多色，最后压花而成的卷材。

用纸做基层易于保持壁纸的透气性，对裱糊胶的材料性能要求不高，故价格低、货源充足。塑料壁纸所用的纸基一般是由按一定配比的硫酸盐木浆及棉短绒浆，或亚硫酸木浆及磨木浆作原料生产而成的。它具有一定的强度、盖底力与透气性，其纤维组织均匀平整，横幅定量差小，纸质不太紧，受潮后强度损失与变形小。

塑料壁纸表面花色众多，有仿粉刷、拉毛、木纹、印花、布纹、锦缎、毛料、大理石纹理、人造革等各种质感。如制作时在塑料中掺发泡剂，印花后再加热发泡，则壁纸表面呈凹凸花纹，具有立体感，并兼有吸音效果。此外，塑料壁纸还包括具有防水、防火、防菌、防静电等功能的特种（功能型）壁纸，以及适于施工的无基层壁纸、预涂胶壁纸、可剥离壁纸和分层壁纸。

无基层壁纸的印花膜背面已涂好压敏胶，并附有一些可剥离的纸。裱糊时，将可剥离纸剥去，就可立即贴在墙上，施工极为简便。

预涂胶壁纸，即壁纸背面已预先涂有一层水溶性的胶粘剂，胶粘剂通常为淀粉类。裱糊时，先用水将背面胶粘剂溶解浸润，即可贴于墙上。

可剥离壁纸也是一种预涂胶壁纸，但壁纸本身强度高于预涂胶的黏结强度（在纸基中含有合成纤维）。如需更换时，可将壁纸完整地剥除，以减少对基层表面的

表 3-7　壁纸的主要品种和特点

类别	品种	说　明	特　点	用　途
壁纸类	普通壁纸	纸面纸基壁纸，有大理石、各种木纹及其他印花等图案。早期产品应用较少	价格低廉，但性能差，不耐水，不能擦洗	一般住宅内墙和旧墙翻新或老式平房墙面装饰
	塑料壁纸（PVC 壁纸）	以纸为基层，以聚氯乙烯塑料薄膜为面层，经复合、印花、压花等工序而制成。有普通型、发泡型、特种型等品种	1. 具有一定的伸缩性和耐裂强度，允许基层结构有一定程度的裂缝。 2. 花色、图案丰富，且有凹凸花纹，富有质感及艺术感，装饰效果好。 3. 强度好，经拉经拽。施工简单，易于粘贴，易于更换。 4. 表面不吸水，可用布擦洗	适用于各种建筑物的内墙、顶棚、梁柱等贴面装饰
	复合纸质壁纸	用双层纸（表纸和底纸）通过施胶、层压复合到一起后，再经印刷、压花、涂布等工艺印刷而成	1. 色彩丰富，层次清晰、花纹深、花型持久，图案具有强烈的立体浮雕效果。 2. 造价低，施工简便，可直接对花。 3. 无塑料异味，火灾中发烟低，不产生有毒气体。 4. 表面涂覆透明涂层，耐洗性达“耐洗级”	适用于一般饭店、民用住宅等建筑的内墙、顶棚、梁柱等贴面装饰
	纺织纤维壁纸	由棉、毛、麻、丝等天然纤维及化纤制成的各种色泽与花式的粗细纱或织物，再与基层纸贴合而成。用扁草竹丝或麻条与棉线交织后同纸基贴合制成的植物纤维壁纸与此类似	1. 无毒、吸音、透气，有一定的调湿、防毒功效。 2. 视觉效果好，特别是天然纤维有贴近自然之感。 3. 防污及可洗性能较差、保养要求高。 4. 易受机械损伤	近年来国际流行的新型高级墙面装饰材料，适用于会议室、接待室、剧院、饭店、酒吧及商店的橱窗等
	金属面壁纸	以铝箔为纸面，纸为底层，面层也可印花、压花	1. 表面具有不锈钢、黄铜等金属质感与光泽。 2. 寿命长、不老化、耐擦洗、耐污染	适用于高级室内装饰
	木片壁纸	以薄的软性木面为基层，可弯曲贴于圆柱面上	形成真实的木质墙面，不会老化，也可涂清漆保护	适用于仿古建筑装饰

重新处理。

分层壁纸同样也是一种预涂胶壁纸，它的基层由两层纸贴合而成，贴合的强度小于预涂胶的黏结强度。如需更换时，只将上层纸剥去，下层纸留于墙面，形成较平的基层，新壁纸直接裱贴上去。

三、墙布

常见的墙布有玻璃纤维墙布、无纺贴墙布、装饰墙布、化纤装饰墙布、锦缎墙布等。

1. 玻璃纤维墙布

玻璃纤维墙布是以中碱玻璃纤维作为

基材，表面涂以耐磨树脂印花而成的一种卷材。这种墙布本身有布纹质感，经套色印花后色彩鲜艳，有较好的装饰效果。但是，它不能像壁纸那样根据工艺美术设计的需要而压成不同凹凸程度的纹理质感。玻璃纤维墙布除了耐擦洗、价格相对低廉、裱糊工艺比较简单外，还是非燃烧体，有利于减少建筑物内部装饰材料的燃烧荷载。其不足之处就是盖底能力稍差，当基层颜色深浅不匀时，容易在裱糊面上显现出来。涂层一旦磨损破碎时，有可能散落出少量玻璃纤维，故要注意保养。

2. 无纺贴墙布

无纺贴墙布是采用棉、麻等天然纤维或涤纶、腈纶等合成纤维，经无纺成型、上树脂、印花而成的卷材。无纺贴墙布挺括、光洁，表面色彩鲜艳，有羊毛感。这种墙布有一定的透气性和防潮性，而且有弹性，不易折断，耐擦洗而不褪色，其纤维不老化、不散失，对皮肤无刺激作用。所以，无纺贴墙布适用于各种建筑的内墙面装饰。其中，涤纶棉无纺贴墙布尤其适用于宾馆客房和高级住宅室内装饰。

3. 装饰墙布

装饰墙布是以纯棉平布为基材，经过前处理、印花、涂层而制成的一种卷材。它的特点是强度大、表面无光、花色美观大方，而且静电小、吸音、无毒、无味。

4. 化纤装饰墙布

化纤装饰墙布是以化纤布为基材，经过一定处理后印花而成的一种卷材。它的特点是无分层、无毒、无味、透气、防潮、耐磨。化纤装饰墙布可用于各类办公室、会议室、宾馆及家庭居室的内墙面装饰。

5. 锦缎墙布

锦缎是丝织物的一种。锦缎墙布的优点是花纹与图案绚丽多彩，典雅精致，质感、接触感很好，但易生霉，不易清洁，而且价格昂贵，所以一般只适用于重要建筑物的室内墙面装饰。

四、壁纸、墙布的裱糊

壁纸、墙布均可直接粘贴在墙面的抹灰层上。壁纸一般采用 107 胶（聚乙烯醇缩甲醛）作黏结剂。粘贴前先清扫墙面，满刮腻子，用砂纸打磨光滑。壁纸裱糊前应先润纸，即先将壁纸在水槽中浸泡 2 ~ 3min，进行闷水处理，取出后将多余的水抖掉，再静置 15min，然后刷胶裱糊。这样，纸能充分胀开。将其粘贴到基层表面上后，纸基壁纸随水分的蒸发而收缩、绷紧。玻璃纤维墙布和无纺贴墙布无需润纸，因为它们遇水无伸缩性。复合纸质壁纸由于耐湿能力较差，故裱糊前严禁进行闷水处理。

纸基塑料壁纸刷胶时，可只刷墙面基层或纸基背面；裱糊顶棚时，两面都刷。对于较厚、较重的壁纸、墙布，如植物纤维壁纸、化纤贴墙布等，为增加其黏结能力，应对基层与背面双面刷胶。玻璃纤维墙布、无纺贴墙布可直接将胶涂于基层上，无需背面刷胶。

裱糊的原则：先垂直面，后水平面；先细部，后大面；先保证垂直，后对花拼缝；垂直面是先上后下，先长墙面后短墙面；水平面是先高后低。粘贴时，要防止出现气泡，并对拼缝处压实(图 3-9)。

玻璃纤维墙布和无纺贴墙布由于材料性质和纸基的不同，宜用聚酯乙烯乳液作黏结剂，可以掺入 20% 的淀粉糊。由于它们盖底能力稍差，如果墙面底色较深时，应满刮石膏腻子，并在胶粘剂中掺入 10% 的白涂料，如白乳胶漆等。

锦缎裱糊的技术性和工艺性要求都很高。为了防潮、防腐，常将锦缎裱糊在木基层上，然后架空固定在墙面上(图 3-9(b)、(c))。应保证基层平整，彻底干燥，以防裱糊后发霉。

锦缎柔软光滑且极易变形，难以直接裱糊在木质基层面上，因而在裱糊时应先在锦缎背后上浆，并裱糊一层宣纸，使锦缎挺括，以便于裁剪和裱糊上墙。

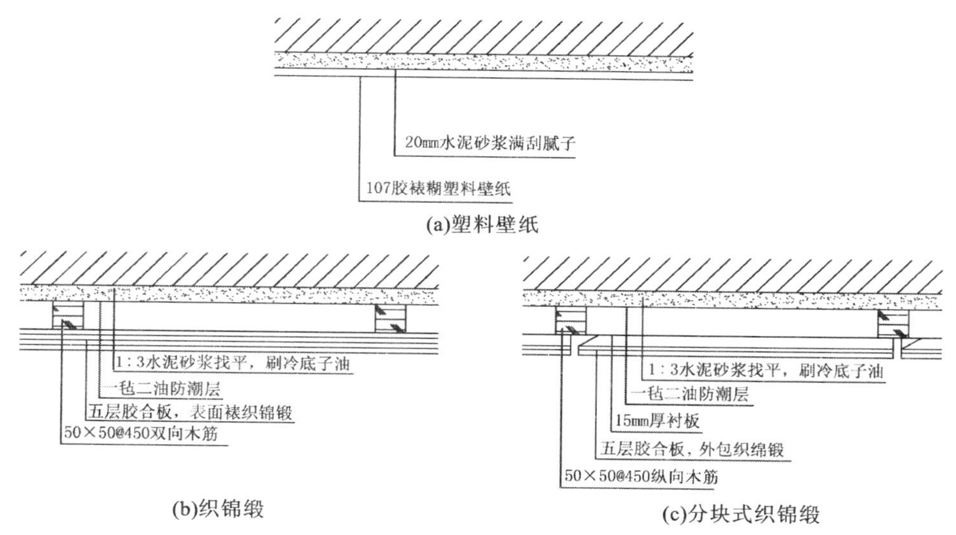

图 3-9　裱糊类墙面做法

小贴士

常规壁纸施工注意事项

常规壁纸的施工讲究精雕细琢，接缝应当严密对齐，不留丝毫缝隙。粘贴后应用刮板及时赶压出气泡，养护期间仍要注意气泡的生成与处理。液体壁纸要注重后期的修饰，任何施工方式都会造成表面花纹的残缺，应及时用同色涂料修补。

第六节
镶板类墙面装饰的构造

镶板类墙面装饰，是指用竹、木及其制品，以及石膏板、矿棉板、塑料板、玻璃、人造革、薄金属板材等材料制成的各类饰面板，通过镶、钉、拼、贴等构造手法构成的墙面饰面。这些材料往往有较好的接触感和可加工性，所以被大量应用于建筑装饰工程中。例如，用木材作骨架和三夹板衬板进行组合时，可以按设计需要加工成任意的弧面或转折形体，表面可饰以各类饰面板，如珍木板、宝丽板、防火板或玻璃、金属薄板、人造革等，也可以作为基层涂刷涂料或裱糊墙纸等。所以，镶板类墙面装饰是室内外装饰的基本构造手法之一。

一、竹、木及其制品

竹、木及其制品可用于室内墙面饰面，因为它们的导热系数低，有着良好的质感和纹理，接触感好，经常被做成墙面护壁或其他有特殊要求的部位。作为墙面护壁，常选用原木木板、胶合板、装饰板、微薄木贴面板、硬质纤维板、圆竹、劈竹等；作为有吸声、扩声、消声等物理要求的墙面，常选用穿空夹板、软质纤维板、装饰吸声板、硬木格条等。硬木格条还常用于回风口、送风口等墙面。

1. 木与木制品护壁

木与木制品护壁是一种高级室内装饰，常用于人们容易接触的部位，高度一般为 1 ~ 1.8m，甚至与顶棚齐平。

木与木制品护壁的构造方法：先在墙内预埋木针或木砖，墙面抹底灰，刷热沥青或铺油毡防潮，然后钉双向木墙筋，中距 400 ~ 600mm(视面板规格而定)、木筋断面 (20 ~ 45)mm×(40 ~ 45)mm。当要求护壁离墙面较远时，可由木砖挑出。图 3-10 为木护壁构造示意图。

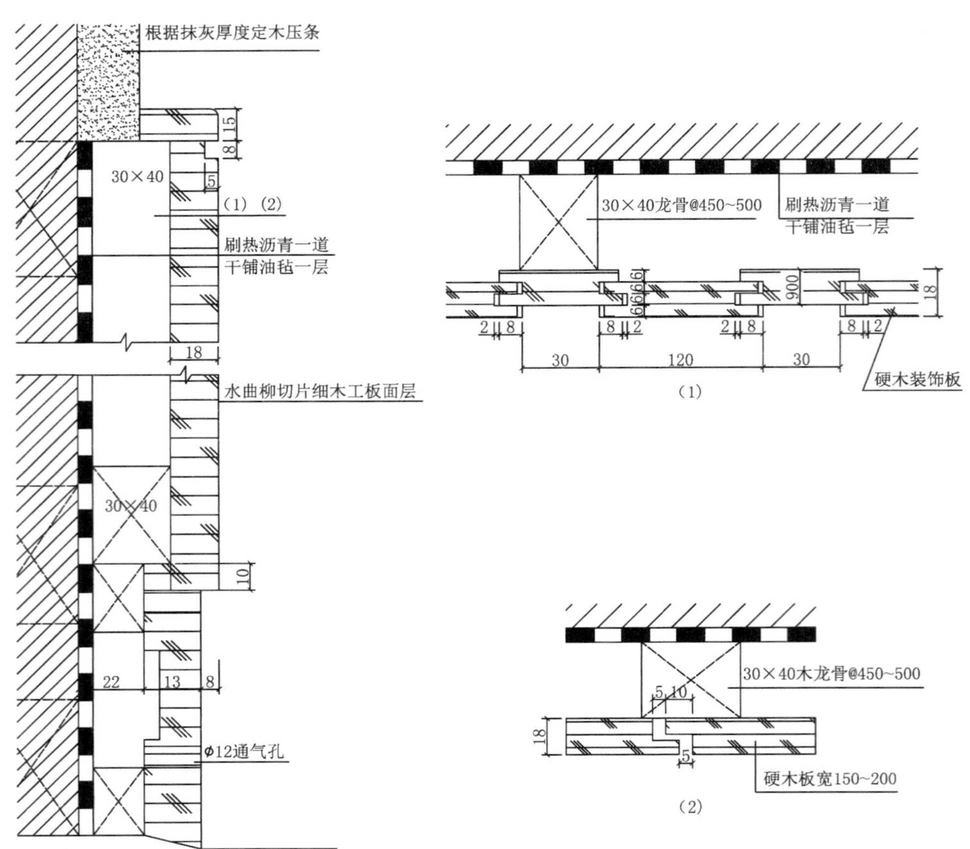

图 3-10　木护壁构造

2. 吸声、消声、扩声墙面

一些表面加塑胶的木制品板材，如甘蔗板、刨花板、纤维板等，可以装饰成具有一定吸声性能的墙面。其构造与木护壁板相同(图 3-11)。

对胶合板、硬质纤维板、装饰吸音板等进行打洞，使之成为多孔板(孔的部位与数量根据声学要求确定)，进而装饰成吸声墙面。其基本构造与木护壁板相同。但是，板的背后，木筋之间要求补填玻璃棉、矿棉、石棉或泡沫塑料块等吸声材料，松散材料应先用玻璃丝布、石棉布等进行包裹。

一些要求反射声音的墙面，如录音棚、播音室等，可以用胶合板做成半圆柱的凸出墙面作为扩声墙面(图 3-12)。

硬木条墙面具有一定的消声效果，常用于各种送风口、回风口等墙面。木条的形状既要符合使用要求，又要方便施工(图 3-13)。

3. 竹护壁

竹板表面光洁、细密，其抗拉、抗压性能均优于普通木材，而且富有韧性和弹性，用于装饰，别具地方风格。竹材易腐烂或受虫蛀，易开裂，使用前应进行防腐、防裂处理，或涂油漆、桐油等加以保护。

较大直径的竹材可剖成竹片使用，取其竹青做面层，将竹黄削平，厚度约10mm。如茶杆竹，可选用直径 20cm 左右的整圆或半圆使用。根据设计尺寸将其

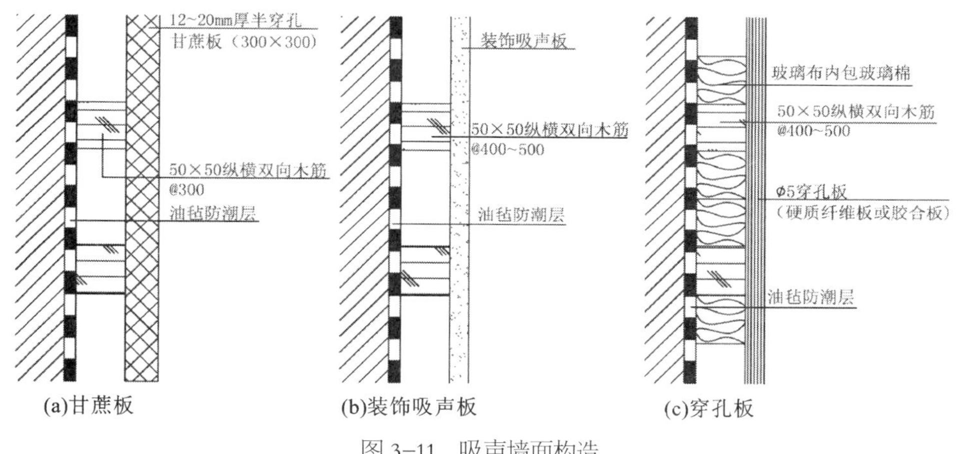

图 3-11 吸声墙面构造

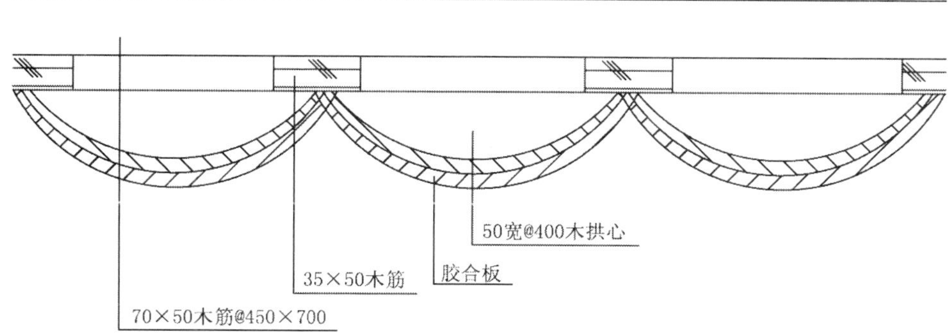

图 3-12 扩声墙面构造

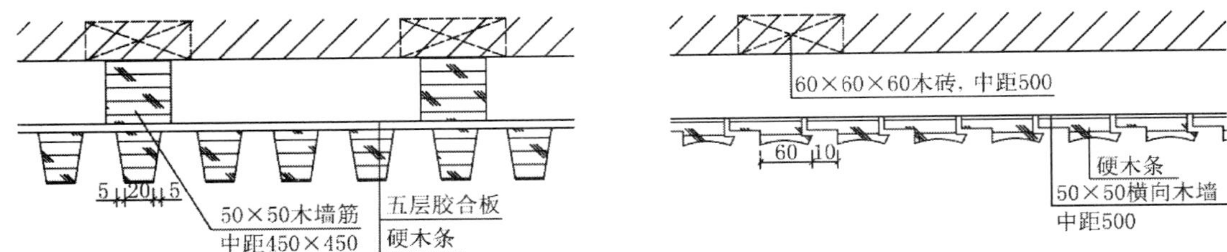

图 3-13　硬木条墙面构造

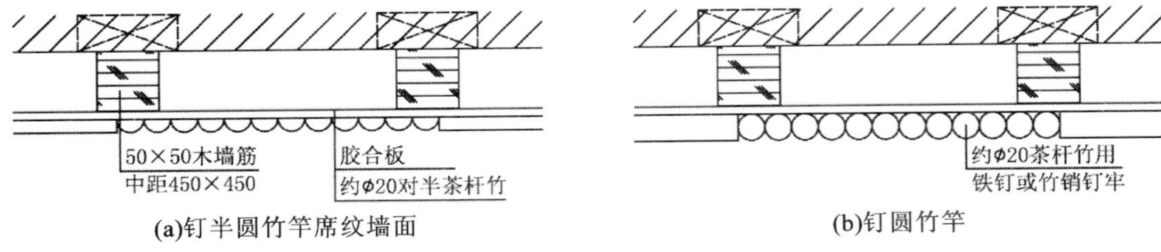

(a)钉半圆竹竿席纹墙面　(b)钉圆竹竿

图 3-14　竹护壁

固定在木板上，再装嵌在墙面上，做法如图 3-14 所示。

二、石膏板、矿棉板、水泥刨花板

石膏板是由建筑石膏加入纤维填充料、黏结剂、缓凝剂、发泡剂等材料，两面用纸板辊成的板状装饰材料。它具有防火、隔音、隔热、质轻、强度高、收缩小、可钉、可锯、可刨、可黏结、不受虫鼠害、取材容易、生产简单、施工方便等特点，可广泛用于室内墙面和吊顶装饰工程。石膏板能以干作业代替湿作业抹灰，提高工效。石膏板墙面的安装，有用钉固定和黏结剂粘贴两种方法。

用钉固定的方法：先立墙筋，然后在墙筋的一面或双面钉石膏板。墙筋用木材或金属制作。木墙筋断面为 50mm×50mm(单面钉板)和 50mm×(80~100)mm(双面钉板)，中距为 500mm。金属墙筋用于防火要求较高的墙面，可用铝合金或槽钢(45mm×75mm×1.2mm)制作。

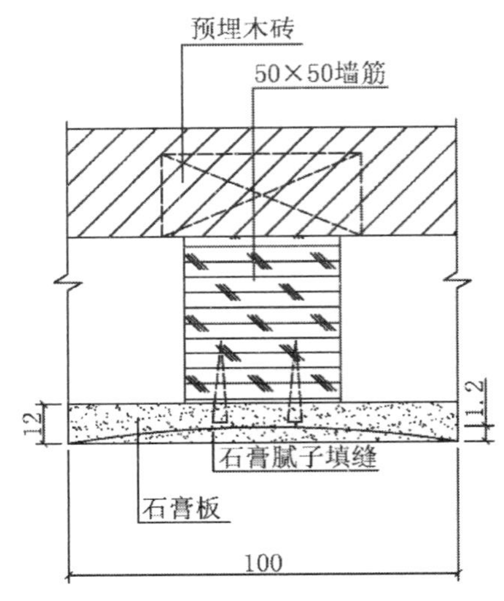

图 3-15　木墙筋石膏板墙面

采用木墙筋时，石膏板可直接用钉或螺丝固定(图 3-15)。采用金属墙筋时，则应先在石膏板和墙面上钻孔，然后用自攻螺丝拧上。板缝处理可用拼缝、压缝等方式(图 3-16)。

黏结剂粘贴是用黏结剂将石膏板直接粘贴在墙面上。

石膏板安装完成后，表面可涂、喷各种涂料，也可裱糊墙纸。

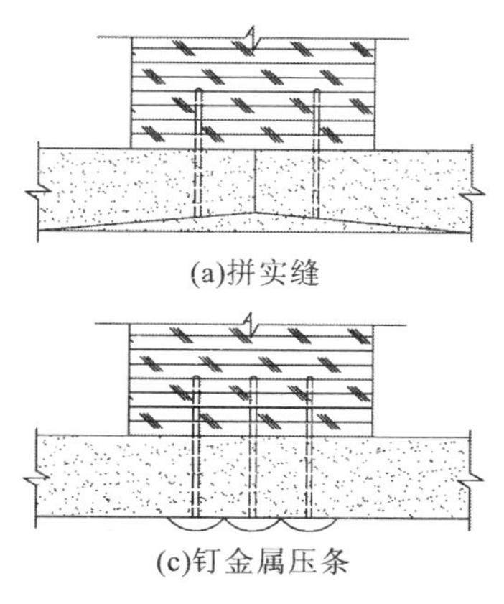

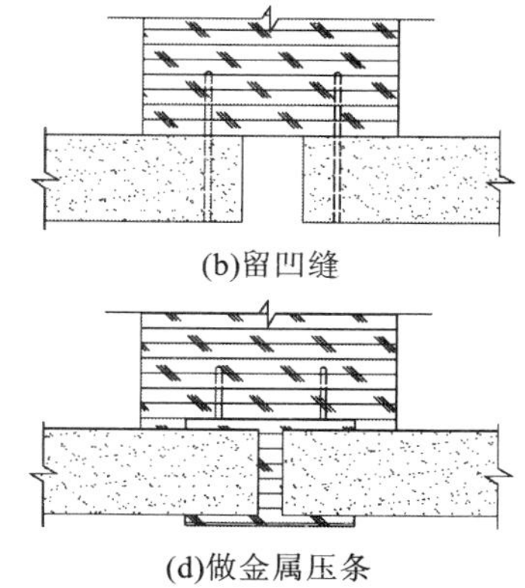

图 3-16　石膏板缝拼接方式

矿棉板具有吸声、隔热作用，表面可做成各种色彩与图案，其构造与石膏板相同。

水泥刨花板是由水泥、刨花、木屑、石灰浆、水玻璃以及少量聚乙烯醇，经搅拌、冷压、养护而成的板材。它可以钉、锯、刨，并且具有膨胀率小、耐水、防蛀、防火及强度高等优点。水泥刨花板既可以涂刷、印花，又可以用作隔墙和天花板。

小贴士

吸　声　板

吸声板是现代家居装修的必备材料，是提升生活品质的重要部件。吸声板的主要特点是板材中存在大量孔洞，当声音穿过这些孔洞时被多次反射、折射，促使吸声板的软性材料发生轻微抖动，最终将声能转化成动能，达到降低噪声的作用。吸声板的品种很多，主要包括岩棉吸声板、聚酯纤维吸声板、布艺吸声板、吸声棉、隔声毡等。

三、皮革或人造革墙面

皮革或人造革墙面具有质地柔软、保湿性能好、能消声减震、易清洁等特点，常被用于健身房、练功房、练习室、幼儿园等要求防止碰撞的房间的凸出墙面或柱面。咖啡厅、酒吧、餐厅等公共场合，用皮革或人造革做墙裙显得舒适宜人，并且容易保持清洁卫生。在录音棚、小型影剧院或电话亭等有一定消声要求的墙面处也经常会用到皮革或人造革。

皮革或人造革墙面的做法与木护壁相似。墙面应先进行防潮处理，先抹防潮砂浆，粘贴油毡，然后再通过预埋木砖立墙筋，钉胶合板衬底，墙筋间距按皮革面分块，用钉子将皮革按设计要求固定在木筋上。皮革里面可衬泡沫塑料做成硬底，或衬棕丝、玻璃棉、矿棉等柔软材料做成软底。

四、有机玻璃或塑料墙面

用有机玻璃或塑料做成的室内外墙面，具有自重轻、易清洁、色彩艳丽、易于加工成型等特点。用于室内墙面的塑料，应具有低燃烧性；用于室外墙面的塑料，应具有较好的抗老化性能。塑料的热膨胀系数大，在大面积使用时应当有足够的伸缩缝隙，其构造方法是用螺钉固定或用胶（氯仿等）粘贴，也可用压条固定（图3-17）。

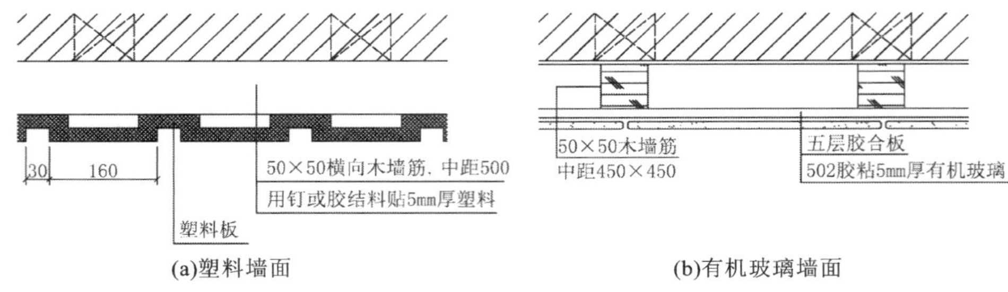

图 3-17　有机玻璃或塑料墙面

五、玻璃墙面

玻璃墙面是选用普通平板玻璃或特制的彩色玻璃、压花玻璃、磨砂玻璃等制作而成的墙面。平板玻璃可以在背面进行喷漆，以呈现不透明的彩色效果。玻璃墙面光滑易清洁，用于室内可以起到活跃气氛、扩大空间等作用；用于室外可结合不锈钢、铝合金等作门头等处的装饰，但不宜设于较低的部位，以免受碰撞而破碎。

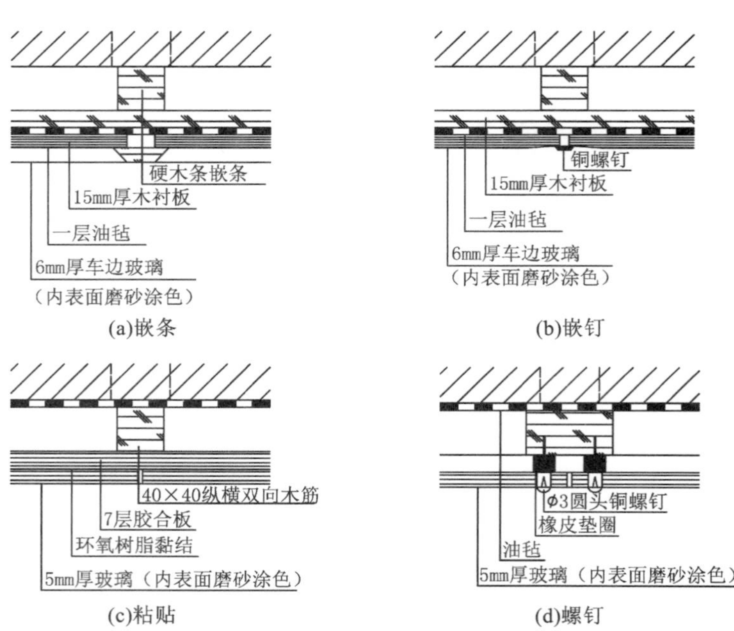

图 3-18　玻璃墙面构造

玻璃墙面的构造方法：先在墙上按采用的玻璃尺寸立筋，纵横成框格，木筋上做好衬板。固定的方法有两种：一种是在玻璃上钻孔，用螺钉直接钉在木筋上；另一种是用嵌钉或盖缝条将玻璃卡住，盖缝条可选用硬木、塑料、金属（如不锈钢、铜、铝合金）等材料。其构造如图 3-18 所示。

第七节
其他材料墙面装饰的构造

一、金属饰面板

金属饰面板是利用一些轻金属，如铝、铜、铝合金、不锈钢等，经加工制成各类压型薄板，或者在这些薄板上进行搪瓷、烤漆、喷漆、镀锌、电化覆盖塑料等处理，然后用作室内外墙面装饰的材料。用这些材料作墙面饰面不仅美观新颖、装饰效果好，而且自重轻、连接牢固、经久耐用，在室内外装饰中都可见到。

目前，比较常用的金属外墙饰面板主要有铝合金饰面板和彩色不锈钢板。

1. 铝合金饰面板

根据表面处理方式的不同，铝合金饰面板可分为阳极氧化处理饰面板和漆膜处理饰面板两种。经镀膜着色处理的氧化膜，硬度高、耐磨、化学稳定性好，能长期保持光泽。

根据几何尺寸的不同，铝合金饰面板可分为条形扣板和方形板。条形扣板的板条宽度在 150mm 以下，长度可视使用要求确定。方形板包括正方形板、矩形板、异形板，板材厚度随使用部位的不同而有所区别。有时为了加强板的刚度，可压出肋条加劲；有时为了保暖、隔热、隔音，其断面还可加工成空腔蜂窝状板材。铝合金饰面板是一种高档的饰面材料。

铝合金饰面板一般安装在塑钢或铝合金型材所构成的骨架上。骨架包括横杆、竖杆。由于型钢强度高，焊接方便而且价格便宜，所以大多用型钢做骨架。型钢、铝材骨架均通过连接件与主体结构固定。连接件一般通过在墙面上打膨胀螺栓或与结构物上的预埋铁件焊接等方法固定。

铝合金饰面板由于材料品种的不同，所处部位的不同，因而构造连接方式也有变化。通常有两种方式较为常见：一是直接固定，即将铝合金板块用螺栓直接固定在型钢上；二是利用铝合金板材压延、拉伸、冲压成型的特点，将其做成各种形状并卡压在特制的龙骨上。前者耐久性好，常用于外墙饰面工程；后者施工方便，适宜用于室内墙面装饰。这两种方法可以混合使用。

铝合金扣板条的安装构造如图 3-19 所示。

铝合金复合外墙板的细部构造节点如图 3-20 ~ 图 3-23 所示。

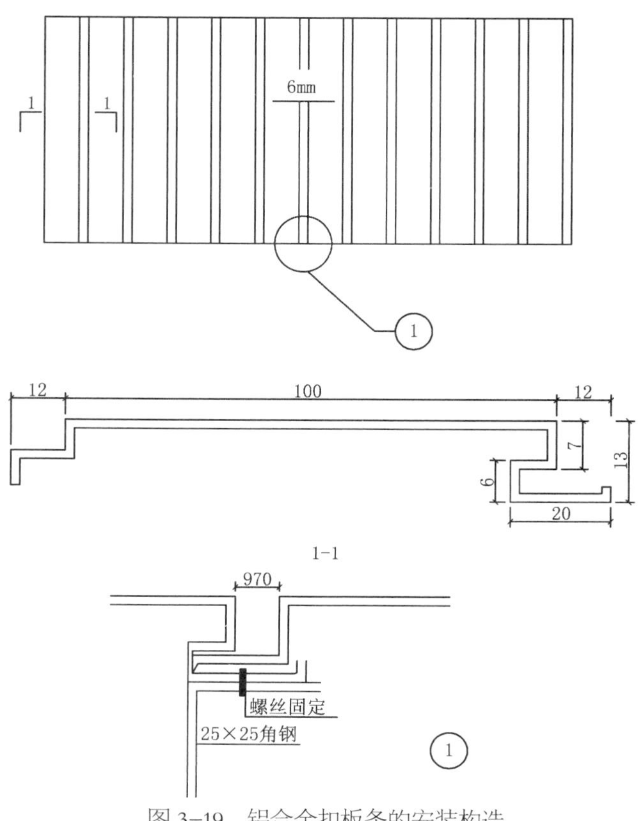

图 3-19　铝合金扣板条的安装构造

小/贴/士

玻璃幕墙

现代化高层建筑的玻璃幕墙采用了由镜面玻璃与普通玻璃组合，隔层充入干燥空气或惰性气体的中空玻璃。中空玻璃有两层和三层之分，两层中空玻璃由两层玻璃加密封框架，形成一个夹层空间；三层玻璃则是由三层玻璃构成两个夹层空间。中空玻璃具有隔音、隔热、防结霜、防潮、抗风压能力强等优点。据测量，当室外温度为 -10℃时，单层玻璃窗前的温度为 -2℃，而使用三层中空玻璃的室内温度为 13℃。在炎热的夏天，双层中空玻璃可以挡住 90% 的太阳辐射热，阳光虽然依旧可以透过玻璃幕墙，但并不会使人感到炎热。使用中空玻璃幕墙的房间冬暖夏凉，极大地提升了人们的生活质量。

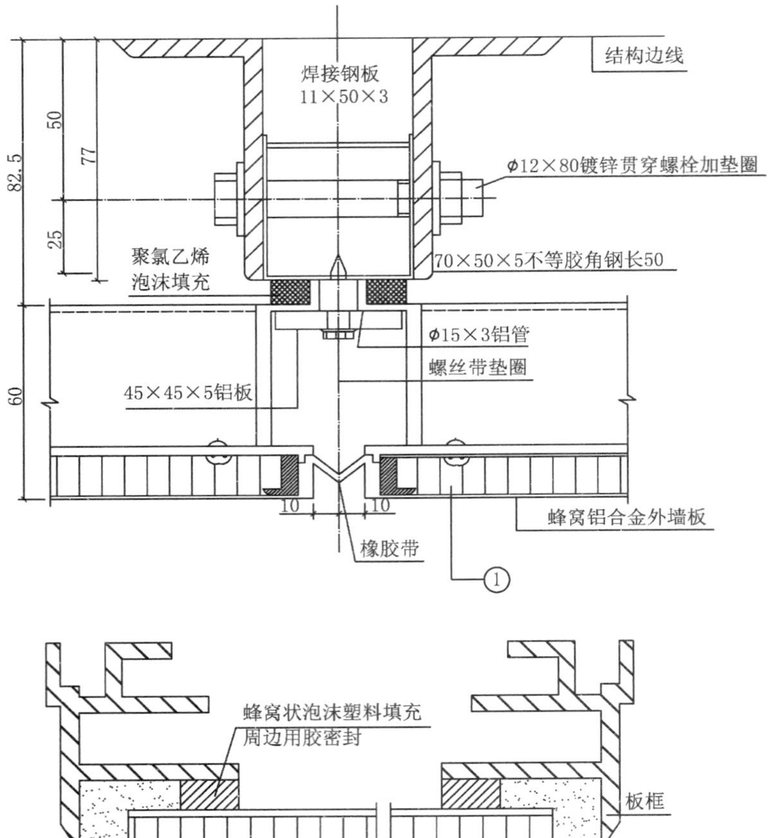

图 3-20　铝合金隔热墙板安装构造

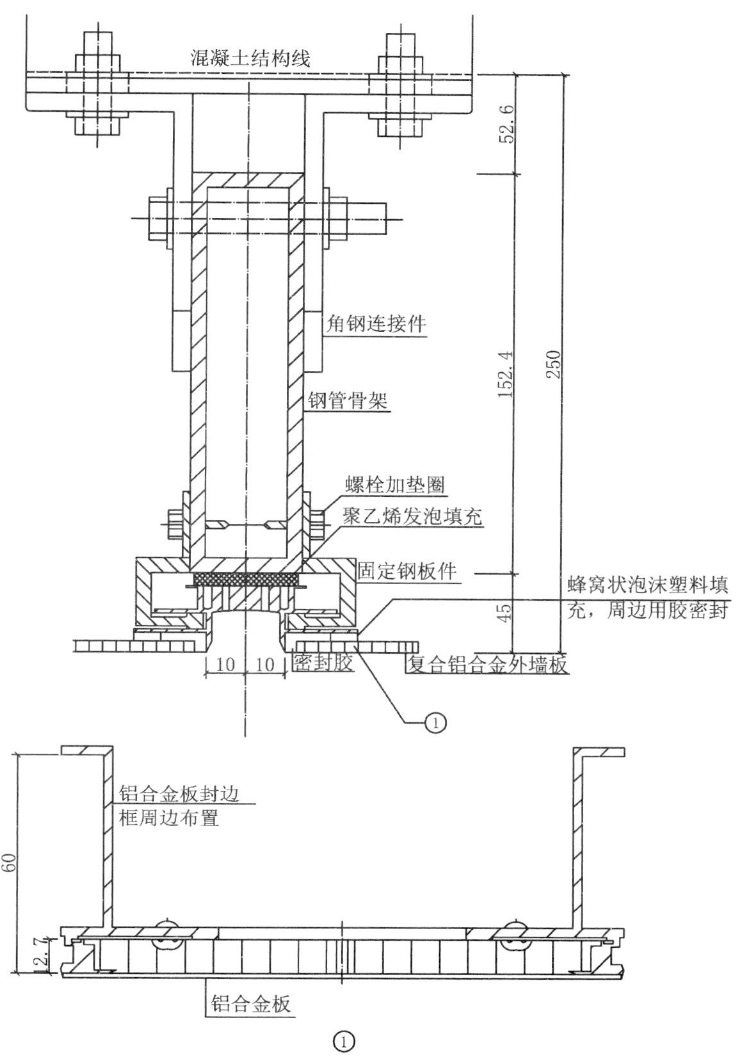

图 3-21　铝合金墙板固定构造

2. 彩色不锈钢板

彩色不锈钢板是在不锈钢板材上进行技术和艺术加工，使其成为各种色彩绚丽、光泽明亮的不锈钢板材。它的色调会随光照角度的变化而变换。

彩色不锈钢板能耐 200℃的高温，耐腐蚀性优于一般不锈钢板，彩色层经久而不褪色，适用于高级建筑装饰中的墙面装饰。

目前，用于外墙面的彩色不锈钢板品种、规格较铝合金少，固定方法基本上与铝合金外墙板相同。

二、玻璃幕墙

幕墙，通常是指悬挂在建筑物结构框架表面的非承重墙。玻璃幕墙，主要是应用玻璃这种饰面材料，覆盖在建筑物表面的墙。

玻璃幕墙技术在国外有较长的发展史，但直到 20 世纪 80 年代中后期才开始在我国推广应用。采用玻璃幕墙做外墙面的建筑物，显得光亮、明快、挺拔，有较

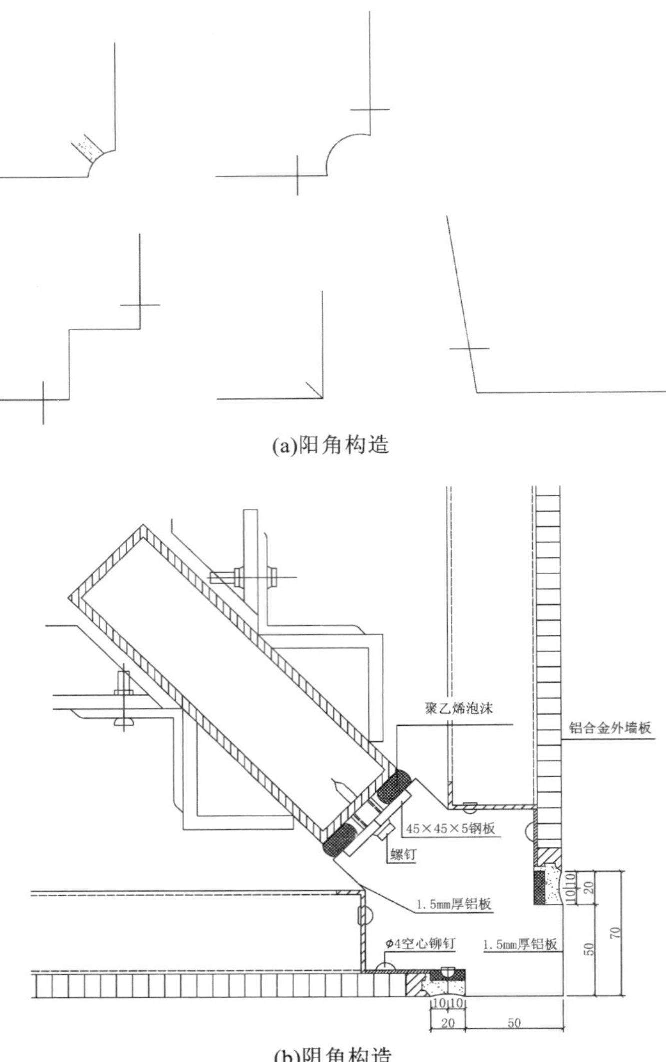

(b)阴角构造

图 3-22　转角局部构造

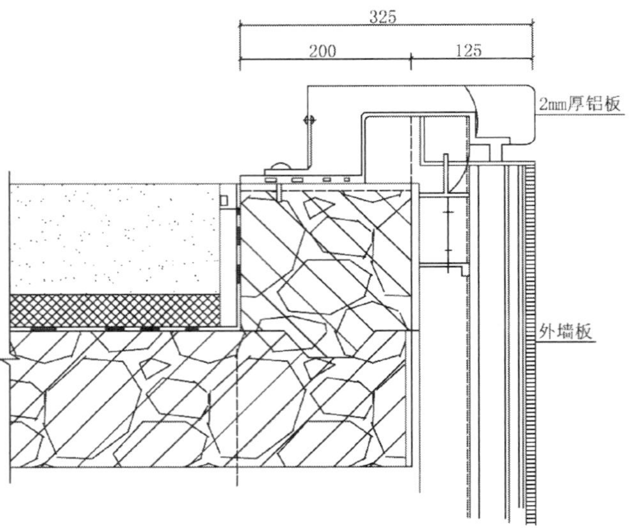

图 3-23　铝合金水平盖板构造

好的统一感，给人以新颖和高技术的印象。特别是采用热反射玻璃的幕墙，将周围的景物都映衬到建筑物的表面，使建筑物与环境融合为一体，很容易被大众所接受。

玻璃幕墙制作技术要求高，而且投资大、易损坏、耗能大，所以一般只在重要的公共建筑立面处理中运用。

从组成上看，玻璃幕墙可分为幕墙框架和装饰面玻璃两部分。一般的幕墙都由骨架构成框架，也有由玻璃自承重的幕墙，这样的玻璃幕墙称为无骨架玻璃幕墙。

玻璃幕墙所用的饰面玻璃，主要有热反射玻璃（俗称镜面玻璃）、吸热玻璃（亦称染色玻璃）、中空双层玻璃及夹层玻璃、夹丝玻璃、钢化玻璃等品种。另外，各种无色或着色的浮法玻璃也常被采用。从这些玻璃的特性来看，通常将前三种玻璃称为节能玻璃，将夹层玻璃、夹丝玻璃及钢化玻璃等称为安全玻璃。而各种浮法玻璃，则仅具有机械磨光玻璃的光学性能，两面平整、光洁，而且板面尺寸较大。玻璃原片厚度为3 ~ 100mm，色彩有无色、茶色、蓝色、灰色、灰绿色等。组合件产品厚度有6mm、9mm、12mm等规格。

玻璃幕墙的框架大多采用型钢或铝合金型材做骨架，骨架、主体结构和饰面玻璃三者联系在一起。常用的紧固件有膨胀螺栓、铝拉钉、射钉等。连接件大多用角钢、槽钢或钢板加工而成，其形式可根据实际需要而设计。

有框玻璃幕墙除常见的将饰面玻璃嵌固在铝合金框内这种固定方式外，还有两种较为独特的固定方式。其一为隐藏骨架式。这种方式从立面上看不出骨架与窗框，是一种较新颖的玻璃幕墙。它的主要特点是玻璃的安装方法不是嵌入铝框内，而是用高强度黏合剂将玻璃黏结在铝框上，所以从立面看不见骨架与边框。其二为骨架直接固定玻璃式。它的特点是不用铝合金边框，仅用特制的铝合金连接板。连接板周边与骨架用螺栓锚固，然后将玻璃黏结在铝合金板上。其骨架用铝合金型材和型钢均可。

1. 型钢骨架框架

型钢骨架框架由各种型钢制成。骨架的各种连接件和紧固件也均采用型钢。常用的型钢有角钢、方钢、槽钢、工字钢、钢板等。型钢的特点是强度高、价格低、易加工、易焊接，但必须有防锈、防腐措施。

用型钢骨架框架安装固定玻璃幕墙时，玻璃应嵌固在铝合金框内，然后将铝合金框与型钢骨架固定。由于型钢骨架强度高，因此骨架与墙的连接锚固点间距可以适当加大，形成敞开的空间。它适宜大跨度、大幅立面的建筑。

型钢骨架框架应予以防锈、防腐处理，常用的方法有刷漆或外包铝合金薄板，板厚不大于1mm。刷漆应该按高级油漆工艺施工，漆膜应保证有一定的厚度，色彩美观。

2. 铝合金型材框架

铝合金型材框架中的铝合金骨架既作为玻璃的嵌固板，又作为与墙面锚固铁件连接的受力杆件，使骨架与框架合二为一，同时满足两方面的要求，因此这种框架是目前普遍采用的一种形式。至于铝合金型材的断面尺寸，应根据使用部位和抗风压能力，经过结构计算和方法比较后再做选择。方管横档常用长度有 115mm、130mm、160mm、180mm 等几种。转角处的立柱与横档可根据不同的转角尺度做成非矩形截面。

立柱与主体结构之间一般采用角钢连接，将角钢与预埋件焊接或通过膨胀螺栓与基体锚固，使之能承受较高的抗拔力。这一点涉及幕墙的安全，千万不可马虎。固定时一般用两根角钢，将角钢的一条肢与立柱相连（图 3-24）。角钢与立柱间的固定，宜采用不锈钢螺栓，以避免在接合部因两种金属间的电化学腐蚀而引起结构的破坏。

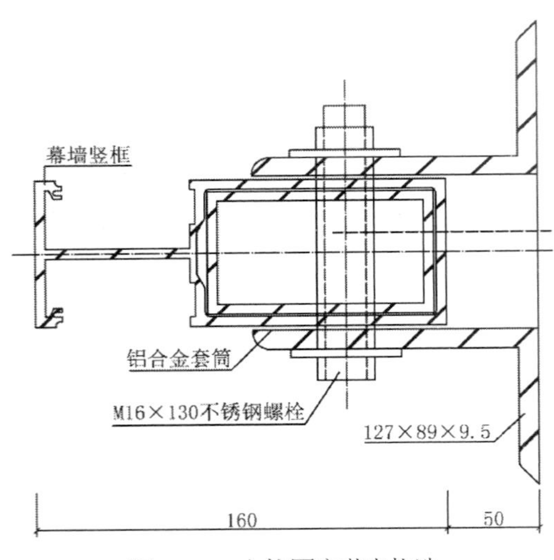

图 3-24　立柱固定节点构造

较高的玻璃幕墙均有竖向杆件接长的问题，尤其是塑铝骨架，必须将连接件穿入薄壁型材中并用螺栓拧紧。其典型的接长构造如图 3-25 所示。图中两根立柱用角钢焊成的方管连接，并将焊接方管插入立柱空腹中，最后用 M12×90 不锈钢螺栓固定。

横向杆件型材的连接，应在竖向杆件固定完毕后进行。如果是型钢，可用焊接法固定，也可用螺栓或其他方法锚固。焊接中因幕墙面积较大、焊点多，故要排定焊接顺序，防止幕墙骨架的热变形。另一种固定方法，是用一个穿插件，将横杆担于穿插件上，然后将横杆两端与穿插担件固定（图 3-26）。

在采用铝合金横竖杆型材时，两者间的固定多用角钢或角铝作为连接件。角钢、角铝应各有一条肢固定横竖杆。

在铝合金立柱上固定玻璃，其构造主要包括玻璃、压条和封缝三个方面。压条常用的有铝合金压条和橡胶压条，其基本构造如图 3-27 所示。在横档上安装玻璃时，其构造与在立柱上安装玻璃稍有不同，主要是在玻璃的下方设有定位垫块。另外，

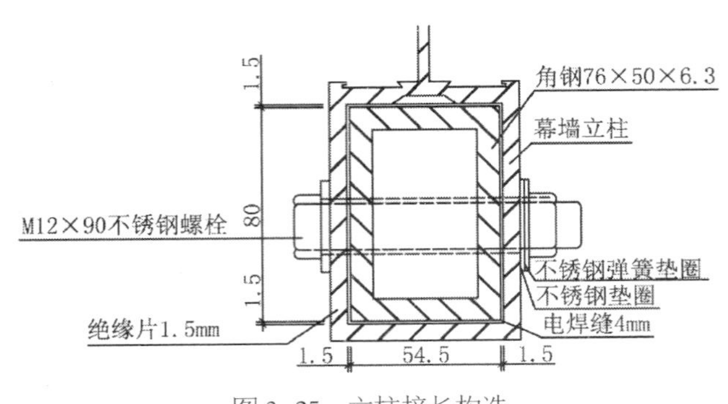

图 3-25　立柱接长构造

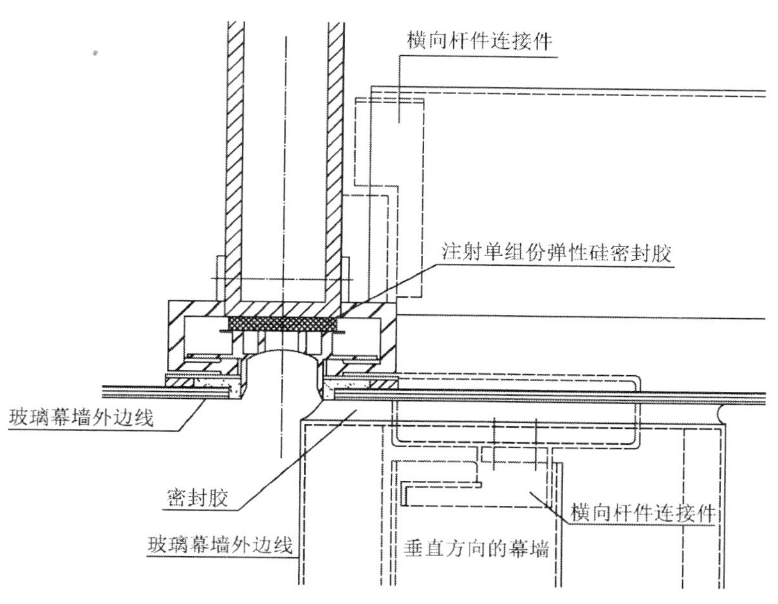

图 3-26　横向杆件穿杆连接构造

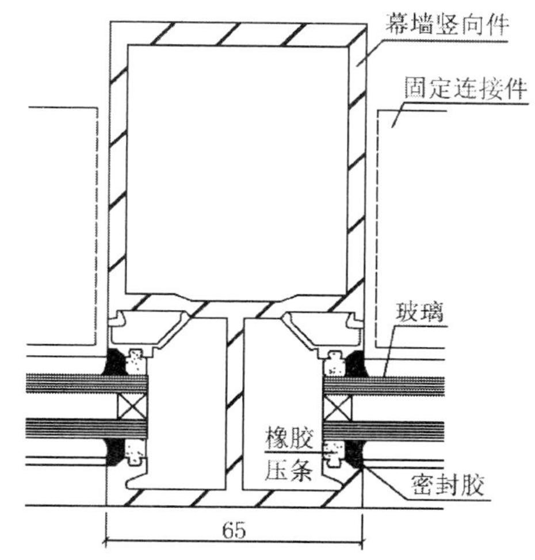

图 3-27　双层中空玻璃在立柱上的安装构造

横档上支撑玻璃的部位是倾斜的，目的是为了便于排除因密封不严而流入凹槽内的雨水，外侧用一条盖板封住。因此，定位垫块的制作必须与此部位的斜度相适应(图 3-28)。

玻璃幕墙的细部节点构造处理，是一项非常细致而又复杂的工作，它关系到玻璃幕墙能否安全使用。不同类型幕墙的节点细部处理有所差异。下面介绍一些典型做法。

(1) 转角的构造处理。

第一，阴角的构造处理。阴角的构造处理有两种。一种是常见的内转角是 90° 的阴角处理。其构造特点是通过两根立柱，按 90° 拼接，两根立柱是垂直布置，接缝部位用密封胶将接口 10mm 间隙封闭，室内用铝合金板材封闭(图 3-29)。另一种是幕墙与其他材料墙面的阴角转角

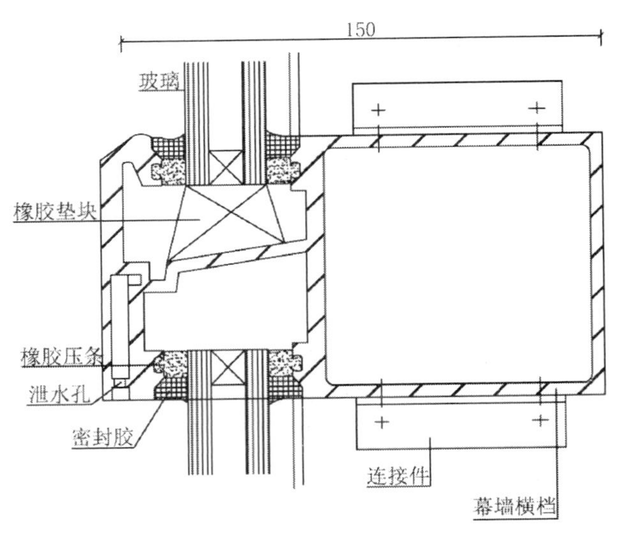

图 3-28　铝合金横档上玻璃的安装构造

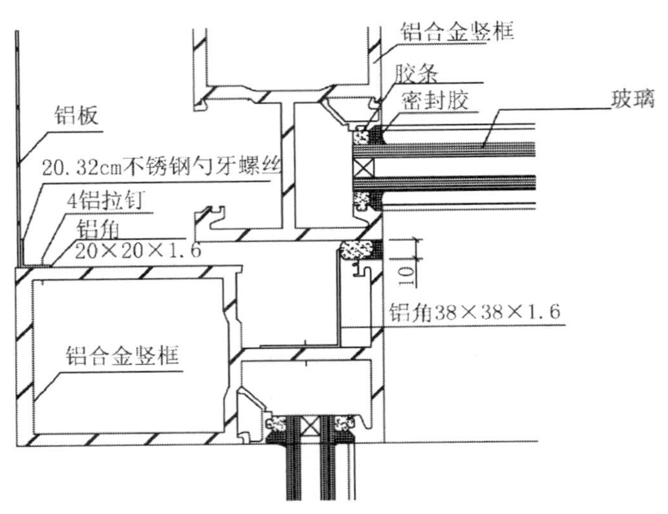

图 3-29　90° 内转角构造

处理。其构造特点是玻璃幕墙靠边的一根立柱与其他材料墙面留一段小的间隙，然后用铝合金板及密封胶填充间隙，封盖表面。其间隙既是幕墙与其他材料墙面排块中不是模数尺寸的调节段，又可调节安装中的施工误差，也是幕墙因温度差而设置的伸缩缝（图 3-30）。

第二，阳角的构造处理。当玻璃幕墙形成 90° 外转角（称为阳角转角）时，其构造也是将两根立柱按 90° 拼接，呈垂直布管，通常在转角部位用通长铝板做成装饰条封盖处理。装饰条可依不同风格的幕墙，压制成不同的形状（图 3-31）。有时表面转角并不全部密封，而是留下一小段间隙，以利伸缩（图 3-32）。

当玻璃幕墙阳角转角非 90° 时，即两立柱的交角大于 90° ，这时就应将垂直面立柱与非垂直面立柱（又称“斜向立柱”）按特定的角度拼接。如立柱为型钢制作，则采用焊接固定较为简便；如为铝立柱，则应在立柱挤压成型时，定制转角异型立柱拼接专用转角，空余部位则可用铝合金板与密封材料封紧（图 3-33、图 3-34）。

(2) 沉降缝和伸缩缝的构造处理。

玻璃幕墙的沉降缝和伸缩缝不仅是结构上安全的需要，还应兼顾美观与防水的功能。一般的处理方法是在沉降缝或伸缩

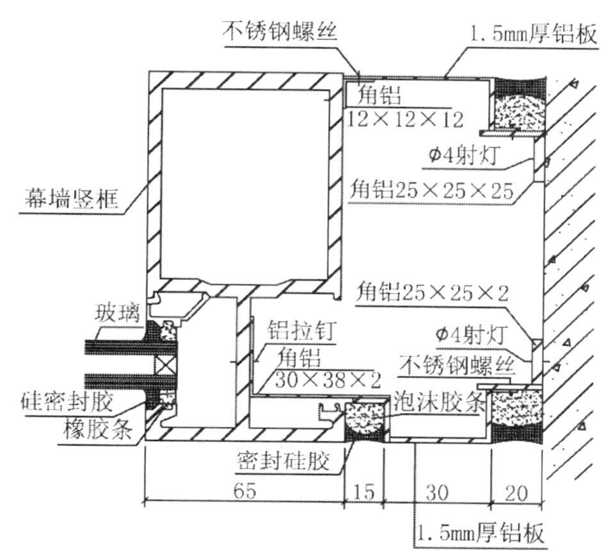

图 3-30　玻璃幕墙与其他材料墙面相交处构造

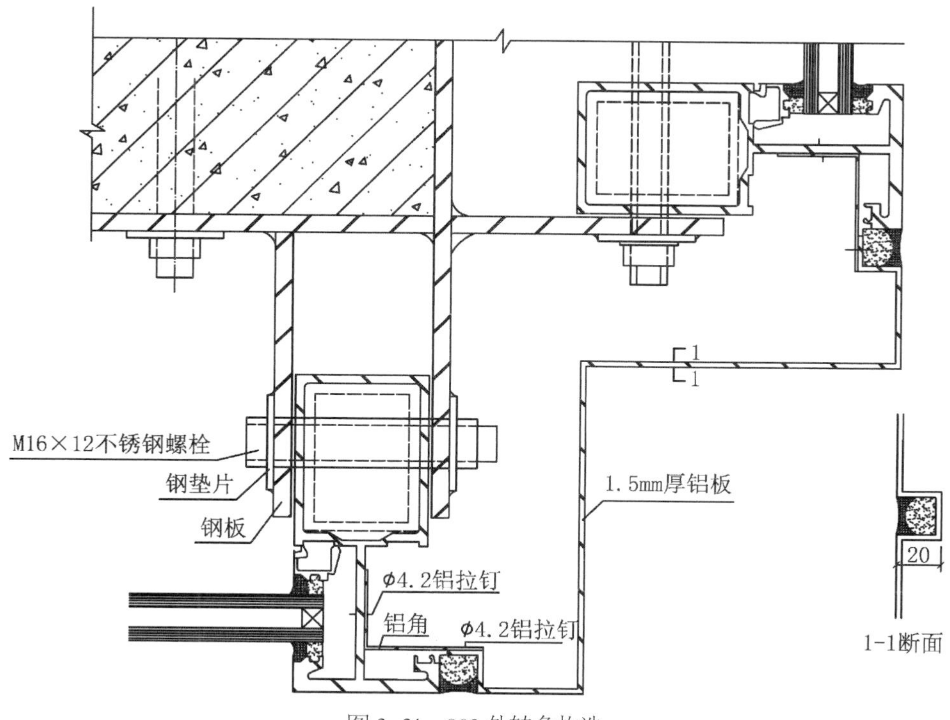

图 3-31　90° 外转角构造

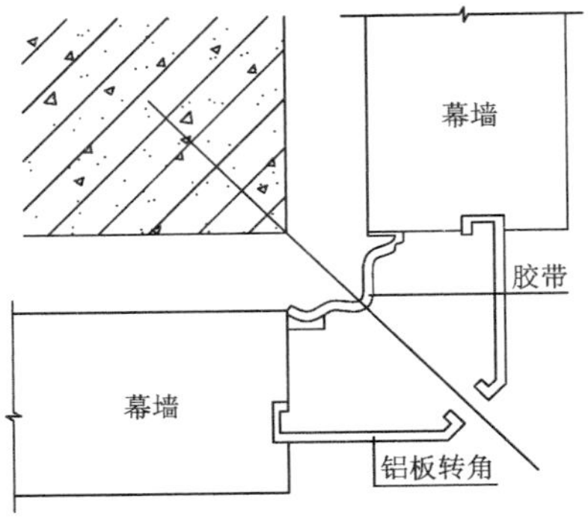

幕墙
胶带
幕墙
铝板转角

图 3-32　90° 外转角示意

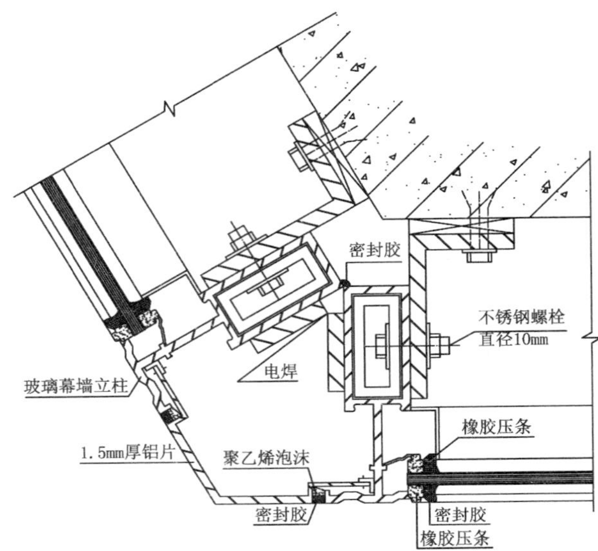

图 3-33　墙面转角处理(型钢转角)

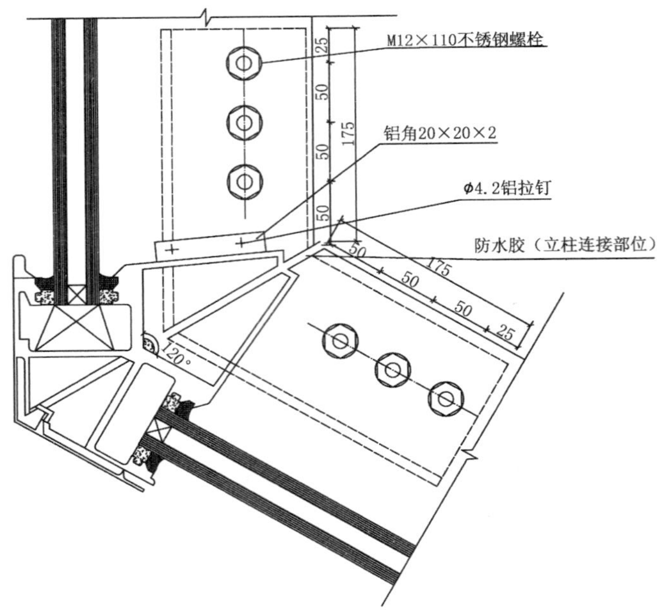

图 3-34　墙面转角处理(铝异型立柱)

缝两侧各立一根立柱，骨架在此断开，成为两片玻璃幕墙体系，在缝的间隙内做两道防水密封，用成型的铝板分别固定在各自的立柱上(图 3-35)。

(3) 收口的处理。

所谓收口处理，就是幕墙本身一些接头转折部位的遮盖处理。如洞口、两种材料交接处、压顶、窗台板和窗下墙等。

第一，幕墙最后一根立柱的小侧面的封闭可采用 1.5mm 厚成型铝板，将骨架全部包裹遮挡。为防止铝合金与块体伸缩系数不一致，相接处用铰连接，并注入密封胶防水(图 3-36)。

第二，女儿墙压顶收口是用通长铝合金成型板固定在横杆上，在横杆与成型板间注入密封胶，压顶的铝合金板用螺栓固定于型钢骨架上(图 3-37)。

第三，幕墙压顶收口的构造处理是幕

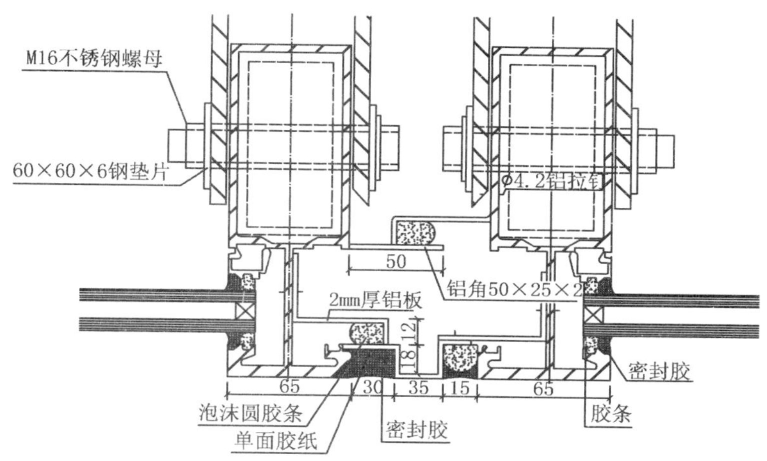

图 3-35　常见伸缩缝、沉降缝构造

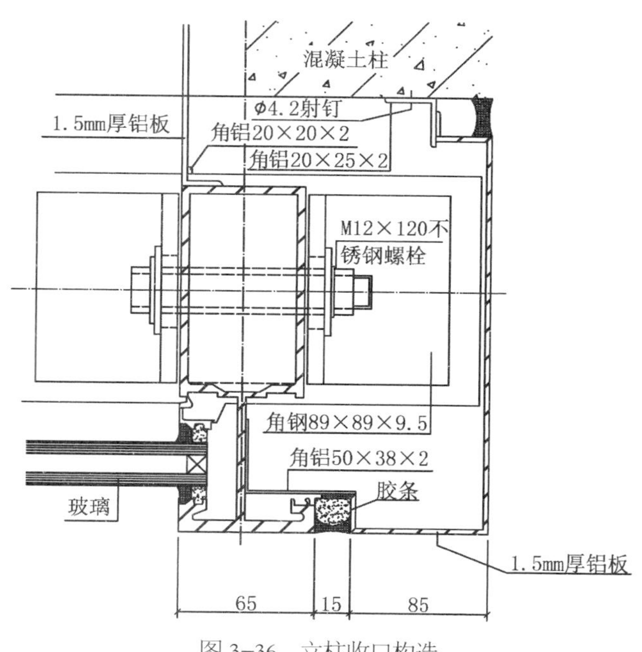

图 3-36　立柱收口构造

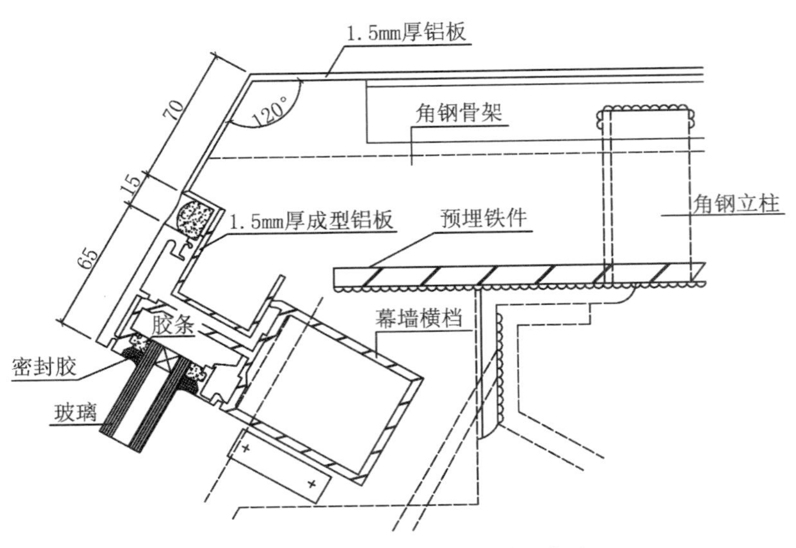

图 3-37　幕墙斜面与女儿墙收口构造

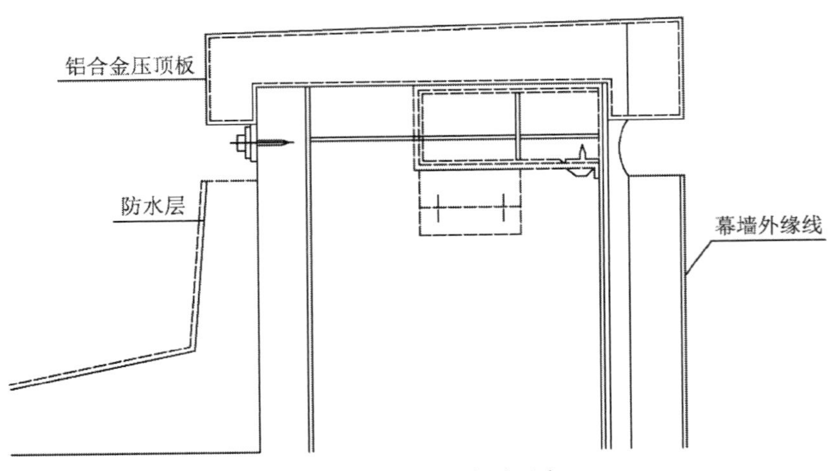

图 3-38　幕墙压顶构造示意

墙渗漏与否的关键，常用一条成型铝合金板(压顶板)罩在幕墙顶面，在压顶型材下铺设一层防水材料(图 3-38)。

3. 无骨架玻璃幕墙

无骨架玻璃幕墙的组成特点是玻璃本身既是饰面材料，又是承重构件。它必须承受自重和风荷载。

由于无骨架，玻璃可以采用大块饰面，以使幕墙的通透感更强，视线更加开阔，立面更为简洁生动。玻璃还可以用特制的弧面玻璃或转角玻璃。因受到玻璃本身强度的限制，此类幕墙一般只用于首层，效果类似落地窗，但其性能远优于落地窗。由于造价昂贵，一般只用于装饰宾馆门厅等重点部位。

这种类型的玻璃幕墙多采用悬挂式构造，即以间隔一定距离设置的吊钩或特殊的型材，从上部将玻璃悬吊起来。吊钩及特殊型材一般是通过螺栓固定在槽钢主框架上，然后再将槽钢悬吊于梁或板底之下。另外，为了增强玻璃的刚度，还需要在上部加设支撑框架，下部加设支撑横档。

这种悬挂式玻璃幕墙除了设有大面积的面部玻璃外，一般还需加设与面部玻璃相垂直的肋玻璃。其作用是加强面玻璃的刚度，保证玻璃幕墙整体在风压作用下的稳定性。肋玻璃的材质同面玻璃的材质一样，都是透明材料，其宽度很小，一般只有十几到几十厘米，所以对玻璃幕墙的整体效果没有影响。

无骨架玻璃幕墙多采用强度较高的钢化玻璃或夹层玻璃，玻璃应有足够的厚度。

第八节 墙体特殊节点的装饰构造

一、变形缝

墙面变形缝可分为伸缩缝、沉降缝和抗震缝，沉降缝一般兼起伸缩缝的作用，伸缩缝和沉降缝的构造处理基本相同。由于内外墙面的使用要求不同，墙面变形缝又可分为内墙变形缝和外墙变形缝。

墙体抗震缝构造如图 3-39 所示。

墙体沉降缝构造如图 3-40 所示。

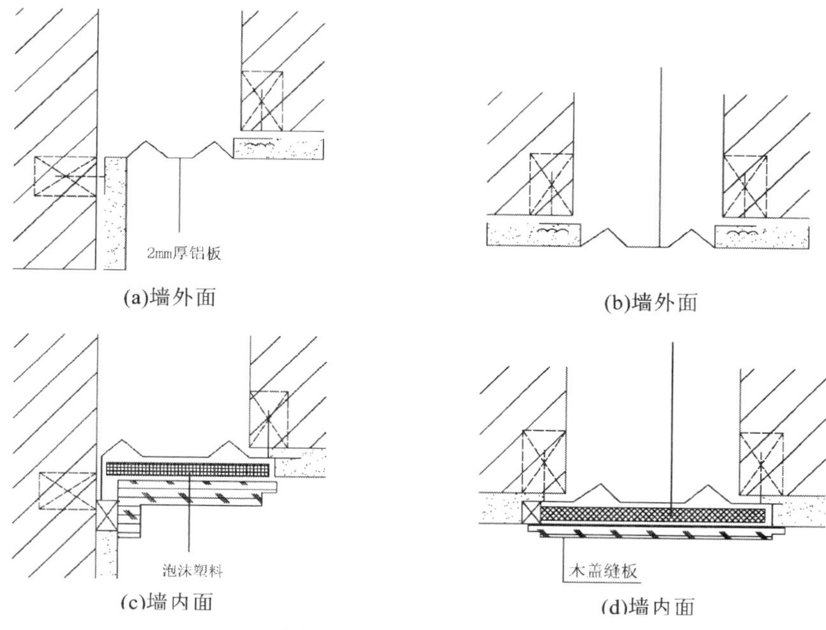

图 3-39 墙体抗震缝构造

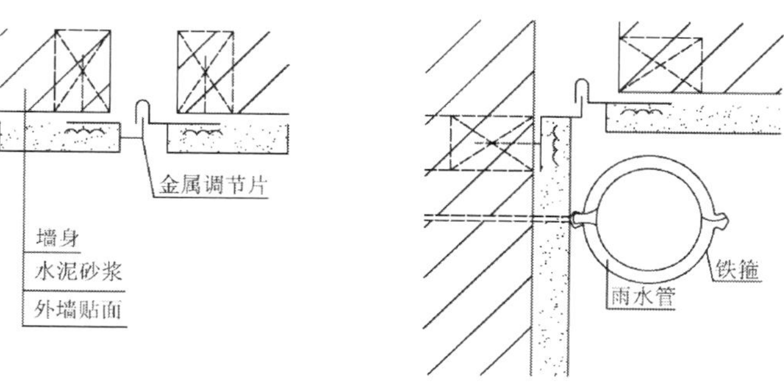

图 3-40 墙体沉降缝构造

二、窗帘盒

窗帘盒设置在窗的上口，主要用来吊挂窗帘，并对窗帘导轨等构件起遮挡作用，所以它也有美化居室的作用。窗帘盒的长度一般以窗帘拉开后不影响采光面积为准，洞口宽度为 300mm 左右（洞口两侧各 150mm 左右）；深度（即出挑尺寸）与所选用的窗帘材料的厚薄和窗帘的层数有关，一般为 120 ~ 200mm，保证在拉扯每层窗帘时互不牵动。

吊挂窗帘的方式有三种：软线式、棍式和轨道式。

(1) 软线式选用 14 号铅丝或包有塑料的各种软线吊挂窗帘。软线易受气温的影响产生热胀冷缩而出现松动，或者由于窗帘过重而出现下垂。因此，可在端头设元宝螺丝帽加以调节。这种方式多用于吊挂轻质的窗帘或跨度在 1.0 ~ 1.2m 以内的窗口。

(2) 棍式采用 ϕ10 钢筋、铜棍、铝合金棍等吊挂窗帘布。这些材料具有较好的刚性，当窗帘布较轻时，适用于 1.5 ~ 1.8m 宽的窗口。跨度增加时，可在中间增设支点。

(3) 轨道式以铜或铝制成窗帘导轨，并在轨道上安装小轮来吊挂和移动窗帘。这种窗帘导轨具有较好的刚性，可用于大跨度的窗口。由于轨道上设有小轮，拉扯窗帘方便，因而特别适宜于重型窗帘布。

窗帘盒的支架应固定在窗过梁或其他构件上。当层高较低或者窗过梁下沿与顶棚在同一标高时，窗帘盒可以隐藏在顶棚上，其支架固定在顶棚格栅上。另外，窗帘盒还可以与照明灯槽、灯具结合成一体。

三、暖气罩

暖气散热器多设于窗前，暖气罩多与窗台板等连在一起，常用的布罩方法有窗台下式、沿墙式、嵌入式和独立式等几种。暖气罩既要能保证室内均匀散热，又要造型美观，具有一定的装饰效果。

暖气罩常用的做法有以下两种。

(1) 木制暖气罩采用硬木条、胶合板等做成格片状，也可以采用上下留空的形式。木制暖气罩舒适感较好。

(2) 金属暖气罩采用钢或铝合金等金属板冲压打孔，或采用格片等方式制成暖气罩。它具有性能良好、坚固耐用等特点。

四、壁橱

壁橱一般设在建筑物的入口附近、边角部位或与家具结合在一起。壁橱的深度一般不小于 500mm。壁橱主要由壁橱板和壁橱门构成，壁橱门可平开或推拉，也可不设门而只用门帘遮挡。当壁橱兼作两个房间的隔断时，应有良好的隔声性能。较大的壁橱还可以安装照明灯具。

五、勒脚

外墙接近室外地坪处的表面部分，称为勒脚（图 3–41）。由于该部位墙面经常受地面水、雨、雪的侵袭，还容易受外界各种机械力碰撞，如不加以保护，很可能使墙体受潮、墙身受损，致使室内抹灰脱落，影响建筑物的正常使用和耐久性。因此，勒脚常用如下几种构造处理方法：

(1) 在勒脚部位墙身加厚 60 ~ 120mm，再抹水泥砂浆或做水刷石；

(2) 在勒脚部位墙身镶砌天然石材；

(3) 在勒脚部位镶贴石板、面砖等坚

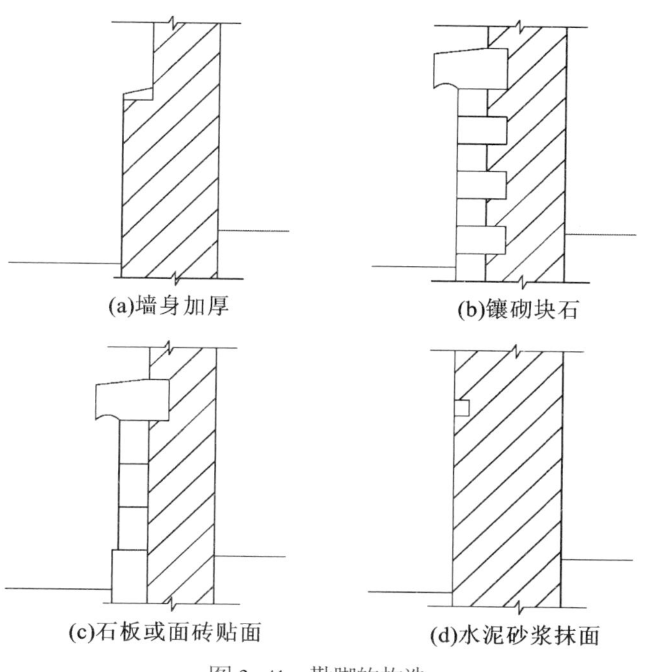

图 3-41　勒脚的构造

固耐久的材料；

(4) 在勒脚部位抹 20 ~ 30mm 厚、配合比为 1:2.5 的水泥砂浆，或做水刷石饰面。

一般民用建筑较多采用水泥砂浆抹面或做水刷石。为了保证抹灰层与砖墙黏结牢固，防止表皮脱落，可在墙面上留槽使抹灰嵌入。勒脚的抹灰要伸入散水。

勒脚的高度与勒脚饰面材料的色彩一样，都影响建筑物的立面效果，一般应根据立面整体效果的处理来决定，从防护目的考虑应不低于 500mm。

六、线脚与花饰

线脚常用的有抹灰线和木线脚两种。花饰是指在抹灰过程中现制的各种浮雕图形。花饰与抹灰线在适用范围、工艺原理等方面均相同，只不过是所用模具因花型不同而有很大变化，材料均为石膏浆。下面仅介绍抹灰线做法，花饰制作可模仿此工艺进行。

抹灰线的式样很多，线条有简有繁，形状有大有小。一般可分为简单灰线、多线条灰线。简单灰线通常称为出口线脚，常用于室内顶棚四周及方柱、侧柱的上端。

多线条灰线一般是指三条以上、凹槽较深、形状不一定相同的灰线。常用于房间的顶棚四周、舞台口、灯光装置的周围等。

木线脚主要有檐板线脚、挂镜线脚等。木线脚根据室内装饰要求不同而简繁不一。简单的可采用挂镜线脚，而复杂的则可采用檐板线脚或二者兼具。

檐板线脚可分为冠顶饰板、上檐板、下檐板、挡板及压条等。

木线脚的各种板条一般都固定于墙内木榫或木砖上。

小贴士

窗帘盒安装注意事项

窗帘滑轨、吊杆等构件不应安装在窗帘盒上，应安装在墙面或顶面上。如果有特殊要求，窗帘盒的基层骨架应预先采用膨胀螺钉安装在墙面或顶面上，以保证安装强度。

第九节 案例分析：墙面砖铺装

一、介绍

铺装施工技术含量较高，需要具有丰富经验的施工员操作，讲究平整、光洁，是家居装修施工的重要工程。墙面砖铺装要求粘贴牢固，表面平整且垂直度标准，具有一定施工难度。

二、结构示意图

墙面砖铺装构造和施工如图 3-42、图 3-43 所示。

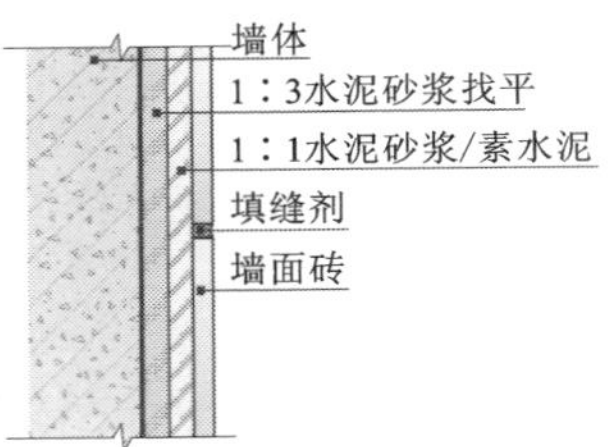

图 3-42　墙面砖铺装构造

图 3-43　墙面砖铺装施工

三、施工流程

1. 墙面砖浸泡与晾干

清理墙面基层，铲除水泥疙瘩，平整墙角，但是不要破坏防水层。同时，选出用于墙面铺贴的瓷砖浸泡在水中 3 ~ 5h 并取出晾干（图 3-44、图 3-45）。

图 3-44　墙面砖浸泡

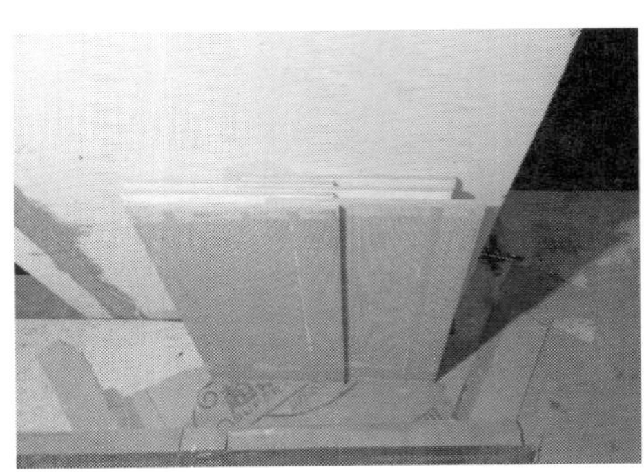

图 3-45　墙面砖晾干

图 3-46　放线定位

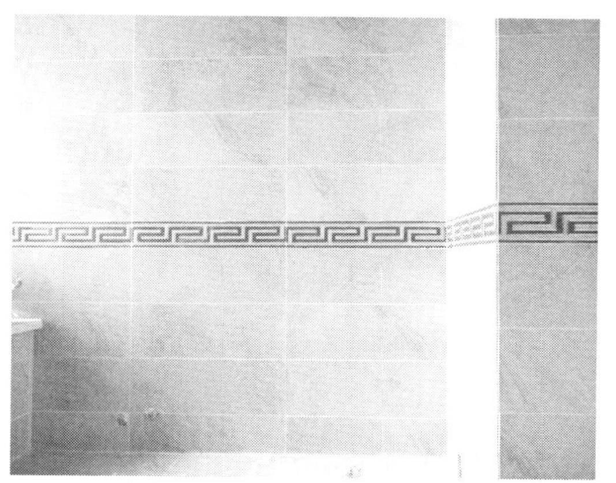
图 3-48　填缝擦拭

图 3-47　涂抹水泥

2. 放线定位

配置 1:1 水泥砂浆或素水泥待用，对铺贴墙面洒水并放线定位，精确测量转角、管线出入口的尺寸并裁切瓷砖（图 3-46）。

3. 涂抹水泥

将调配好的 1:1 水泥砂浆或素水泥均匀涂抹至瓷砖背面，厚度为 10mm 左右（图 3-47）。

4. 填缝擦拭

采用瓷砖专用填缝剂填补缝隙，使用干净抹布将瓷砖表面擦拭干净，养护待干（图 3-48）。

四、总结

在施工过程中，随时采用水平尺校对铺装构造的表面平整度，随时采用尼龙线标记铺装构造的厚度，随时采用橡皮锤敲击砖材的四个边角，这些都是控制铺装平整度的重要操作方式。现代装修所用的墙砖体块越来越大，如果不掌握要领，铺贴起来会很吃力，而且效果也会欠佳。因此，在施工过程中，要注意细节，才能保证达到理想效果。

思考与练习

1. 内墙饰面和外墙饰面的基本功能有哪些?

2. 墙面抹灰通常由哪几层组成?它们的作用各是什么?

3. 什么是“护角”?它的构造如何?

4. 墙面的喷涂、弹涂、滚涂的做法有何区别?

5. 假面砖墙面有哪两种做法?

6. 试表述斩假石墙面的一般做法。

7. 水刷石与干粘石墙面有何区别?

8. 涂刷类墙面的优点和缺点分别是什么?

9. 什么是瓷砖的“软贴法”与“硬贴法”?

10. 大型、中型、小型琉璃构件在安装时的固定方法有何不同之处?

11. 简要说明大理石墙面的“挂帖法”做法。

12. 裱糊类墙面有何优、缺点?

13. 石膏板饰面的固定方法有哪两种?

14. 铝合金外墙板有哪两种安装方式?

15. 玻璃幕墙有哪几种骨架体系?

16. 试绘出几种窗帘盒的构造草图。

第四章
顶棚装饰构造

学习难度：★★★★☆

重点概念：顶棚的作用、分类和组成；直接式顶棚的装饰构造；板材类顶棚的装饰构造

章节导读

顶棚，又称为“平顶”“天棚”或“天花板”。建筑内部空间相对于生活在其中的人来说是一个六面体，除了地面和四面墙壁外，剩下的只有上部的界面——顶棚。顶棚是室内装饰一个重要组成部分。对顶棚形式及构造方法的选择，应从使用要求、安全要求、经济条件和美观等多方面综合考虑。

第一节 顶棚的作用、分类和组成

一、顶棚的作用

1. 提高室内装饰效果

顶棚的高低、造型、色彩、照明和细部处理，对人们的空间感受具有重要的影响。处理得当，会给人明快、舒畅、新颖及富有吸引力等感觉，是一种美的享受；处理不当，则会给人压抑、烦躁、阴郁的感觉。由于顶棚处于顶面，所以一般选择颜色较浅的材料。

2. 满足使用要求

顶棚往往具有保温、隔热、隔声、吸音或反射声音等作用，还可以增加室内亮度。此外，人们还经常利用顶棚内的有限

空间来处理人工照明、空气调节、音响、防火等技术问题。

二、顶棚的分类

根据饰面层与主体结构相对关系的不同，顶棚可分为直接式顶棚和悬吊式顶棚两大类。

直接式顶棚，是指在结构层底部表面上直接做饰面处理的顶棚。这种顶棚做法简便易行、经济可靠，而且基本不占空间高度，所以为大部分室内空间所采用。

悬吊式顶棚，又称吊顶，它离开结构底部表面有一定的距离，通过悬挂物与主体结构连接在一起。

根据结构构造形式的不同，吊顶可分为整体式吊顶、活动式装配吊顶、隐蔽式装配吊顶、开敞式吊顶等。

根据材料的不同，吊顶又有板材吊顶、轻钢龙骨吊顶、金属吊顶等。

下面以吊顶为例介绍顶棚的组成。

三、吊顶的基本组成

吊顶在构造上由悬挂部分、支撑结构、基层、面层四个部分组成。

1. 悬挂部分

吊顶的悬挂部分，俗称吊筋，主要由圆钢或扁钢制成。其上部与屋面或楼板结构层连接，下部与支撑结构连接。

2. 支撑结构

吊顶的支撑结构最简便的做法：把吊顶直接用吊筋悬吊于屋顶的檩条或楼板的梁上，以檩条和梁作为吊顶的支撑结构。也有把吊顶悬吊在屋架下弦节点或下弦水平连系杆上的情况。

当吊顶面积较大或者吊顶形式较为复杂时，应在屋顶或楼板下面设主龙骨（又称顶棚大梁）作为吊顶的支撑结构。主龙骨用吊筋悬吊于屋顶或楼板上，主龙骨间距约 2m，吊筋间距不超过 2m。主龙骨由方木、圆木、型钢等材料制成，一般垂直于屋架布置。主龙骨与吊筋之间，根据材料的不同采用焊接、螺栓、挂钩等连接方式。

3. 基层

基层是由次龙骨和间距龙骨所构成的吊顶骨架。它所用的材料为木材、型钢、轻金属等。近年来，薄壁轻钢龙骨和铝合金龙骨发展势头较好，所占的市场份额越

小贴士

吊顶表面应光洁平整

无论采用哪种材料制作吊顶，最基本的施工要求是表面应光洁平整，不能产生裂缝。当房间跨度超过 4m 时，一定要在吊顶中央部位起拱，但是中央与周边的高差不超过 20mm。应特别注意吊顶材料与周边墙面的接缝，除了纸面石膏板吊顶外，其他材料均应设置装饰角线掩盖饰面。

来越大。木材龙骨由于加工方便和适应性强，仍被不少地方采用。龙骨的布置方式和间距要视面层材料而定，间距一般不超过600mm，用吊筋和主龙骨连接。

4. 面层

面层，即吊顶的饰面层。它可以是粉刷层或各类板材等。

第二节
直接式顶棚的装饰构造

直接式顶棚是在屋面板、楼板等的底面进行直接喷浆、抹灰或粘贴墙纸等而达到装饰目的。这类顶棚的装饰构造较为简单，应用得也比较早。一些使用功能较为单一、空间尺度比较小的房间，如旅馆客房等，经常采用直接式顶棚。由于直接式顶棚的价格低廉，在要求不高的大量民用建筑中，如住宅、教室、普通办公室等，都采用直接式顶棚。在空间比较大、比较重要的公共场所，采用结构构件兼作装饰构件所形成的直接式顶棚，往往能取得出人意料的效果。例如，排列有序的井字楼盖、密肋楼盖、网架屋顶等，都能给人以韵律美。目前，人们倾向于把不适宜吊挂件的结构，以直接在楼板底面铺设固定格栅的方式做成顶棚，这种顶棚也归类于直接式顶棚，如直接式石膏装饰板顶棚等。

直接式顶棚的构造一般与抹灰类、涂刷类、裱糊类内墙饰面的构造基本相同。

一、直接抹灰顶棚

在上部屋面板或楼板的底面上直接抹灰的顶棚，称为直接抹灰顶棚。

直接抹灰顶棚常用的抹灰材料主要有纸筋灰抹灰、石灰砂浆抹灰、水泥砂浆抹灰等。其具体做法是先在顶棚的基层即楼板底上，刷一遍纯水泥浆，使抹灰层能与基层很好地黏结，然后用混合砂浆打底，再做面层。要求较高的房间，可在底板增设一层钢板网，在钢板网上做抹灰，这种做法强度高、黏结牢固，不易开裂、脱落。抹灰面的做法和构造与抹灰类墙面装饰相同。

二、喷刷类顶棚

喷刷类顶棚是在上部屋面或楼板的底面上直接用浆料喷刷而成的，常用的材料主要有石灰浆、大白浆、色粉浆、彩色水泥浆、可赛银等。

对于楼板底面较平整又没有特殊要求的房间，可以选用这些浆料直接在楼板底嵌缝后喷刷。其具体做法可参照喷刷类墙面的装饰。

若在墙面上设置挂镲线，挂镲线以上的墙面与顶棚的饰面做法应当一致。

三、裱糊类顶棚

有些要求较高的房间顶棚面层，还可以采用贴墙纸、贴墙布或者其他一些织物直接裱糊而成。这类顶棚比较适用于住宅等小空间的室内装饰。

裱糊类顶棚的具体做法与裱糊类墙面装饰相同。

四、结构顶棚

将屋盖结构暴露在外，不另做吊顶，利用结构本身的韵律感作装饰的顶棚，称为结构顶棚。例如，网架结构，构成网架的杆件本身很有规律，有结构本身的艺术表现力。若能充分利用这一特点，有时能获得优美的韵律感。再如，拱结构屋盖，它本身具有规律性的优美曲面，可以形成富有韵律的拱面顶棚。结构顶棚的装饰重点在于巧妙地组合照明、通风、防火、吸声等设备，以显示出顶棚与结构韵律的和谐，形成统一的、优美的空间景观。

结构顶棚广泛用于体育场馆及展览厅等公共建筑。

第三节 抹灰类吊顶的装饰构造

抹灰类吊顶表面平整光洁，整体感好，也称为整体式吊顶。当吊顶构造要求表面大面积平滑或有比较特殊的形体，如曲面、折面时，往往采用抹灰类吊顶。

当抹灰类吊顶的主龙骨和次龙骨采用方木时，主龙骨断面尺寸由结构计算确定，中距不超过 1.5m；次龙骨（单向或双向布置）断面尺寸为 40mm × 40mm × 60mm，中距为 400 ~ 600mm。当采用型钢时，主龙骨用槽钢，断面尺寸按结构计算确定，中距为 1.5 ~ 2.0m；次龙骨用角钢，型号为 25mm × 16mm × 3mm 或 20mm × 20mm × 3mm，中距为 400 ~ 600mm。悬吊主龙骨的吊筋采用 ϕ10 ~ ϕ16 钢筋，一般情况下每平方米抹灰顶棚至少要安装三根吊筋。

抹灰类吊顶的面层做法有板条抹灰、板条钢板网抹灰、钢板网抹灰等几种。

一、板条抹灰吊顶

板条抹灰吊顶一般采用木质龙骨。板条的截面尺寸以 10mm × 30mm 为宜，灰口缝隙宽度为 8 ~ 10mm。板条接头处不得悬空，宜错开排列，以免板条变形而造成抹灰开裂。板条抹灰吊顶一般采用纸筋灰作面层粉刷，其做法与纸筋灰内墙面相同。

板条抹灰吊顶的构造简单，但粉刷层受振易开裂掉灰，且不防火，通常适用于要求不高的一般建筑。

板条抹灰吊顶的构造如图 4-1 所示。

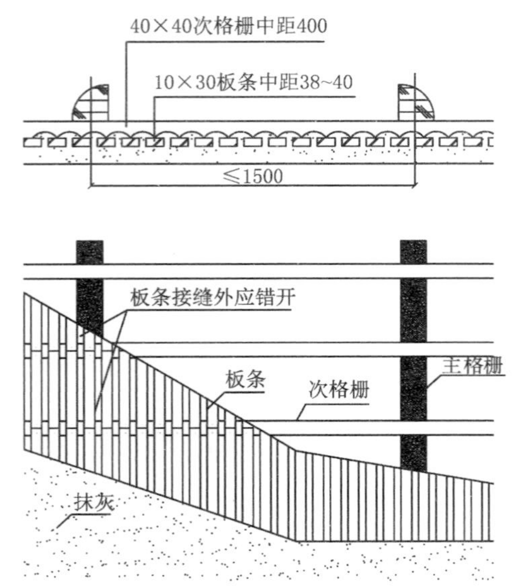

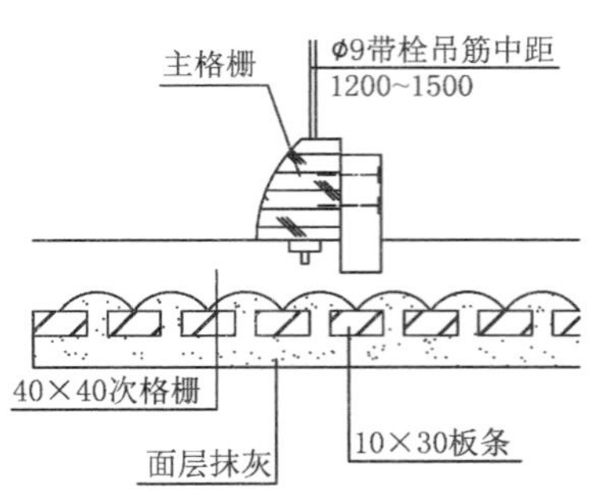

图 4-1　板条抹灰吊顶构造

小贴士

界面基层处理

在涂饰面层油漆、涂料之前，应对涂饰界面基层进行处理，目的在于进一步平整装饰材料与构造的表面，为涂饰乳胶漆、喷涂真石漆、铺贴壁纸、墙面彩绘等施工打好基础。界面基层处理比较简单，只是重复性工作较多，需要耐心操作。

二、板条钢板网抹灰吊顶

为了提高板条抹灰吊顶的耐火性，使灰浆与基层接合得更好，可在板条上加钉一层钢板网，钢板网的网眼不可大于10mm(图 4-2)。这样，板条的中距可由 38 ~ 40mm 加宽至 60mm。

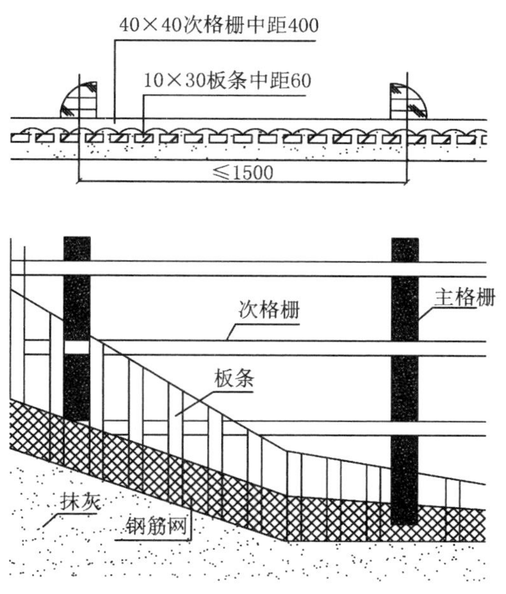

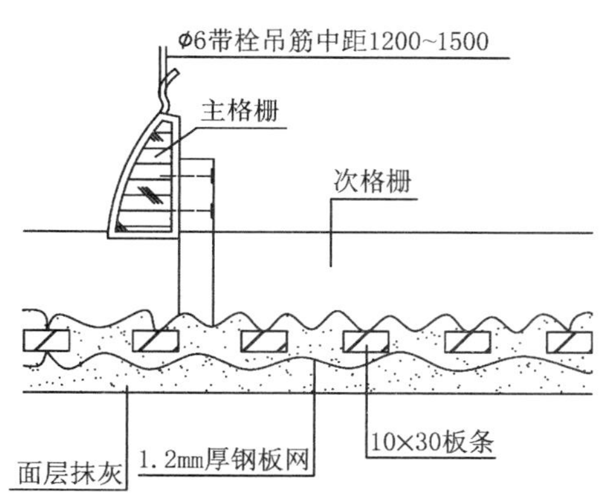

图 4-2　板条钢板网抹灰吊顶构造

三、钢板网抹灰吊顶

钢板网抹灰吊顶一般采用槽钢为主龙骨，角钢为次龙骨。先在次龙骨下加一道中距为 200mm 的 ϕ6 钢筋网，然后再铺钢板网。钢板网应在次龙骨上绷紧，相互间搭接间距不得小于 200mm。搭口下面的钢板网应与次龙骨钉固或绑牢，不得悬空。

钢板网抹灰吊顶通常采用水泥砂浆抹灰饰面。由于龙骨和面层均用金属材料的原因，其耐久性、抗震性、防火性均较好，多用于高级建筑。

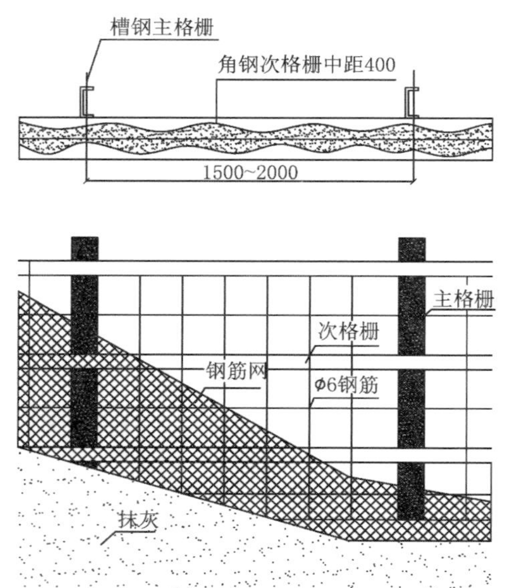

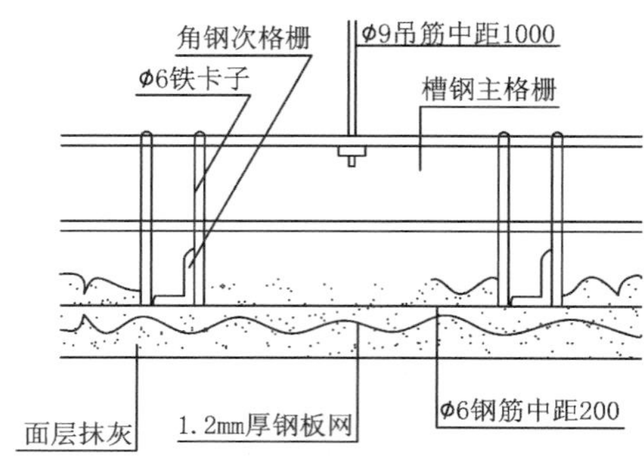

图 4-3　钢板网抹灰吊顶构造

钢板网抹灰吊顶的构造如图 4-3 所示。

第四节 板材类吊顶的装饰构造

根据面层选用的材料及常用构造处理方法的不同，板材类吊顶可分为植物板材吊顶、矿物板材吊顶和金属板材吊顶三大类。

一、植物板材吊顶

1. 植物板材的种类

用于吊顶的植物板材有木板、胶合板、硬质纤维板、装饰软质纤维板、装饰吸音板、木丝板、刨花板等。

(1) 木板。

用木板做顶棚给人温暖、亲切的感觉，加工也较方便，在一些取材方便的地区较为常见。木顶棚多为条板，常见规格为宽 90mm，长 1.5 ~ 6.0m。成品有光边、企口和双面槽缝等几种。通常有企口平铺、离缝平铺、嵌缝平铺和鱼鳞斜铺等多种形式（图 4-4）。其中，离缝平铺的离缝宽度为 10 ~ 15mm，在构造上除可钉结外，常采用凹槽边板，用隐蔽夹具卡住，固定在龙骨上。这种做法有利于通风和吸声。为了加强吸声效果，还可以在木板上加铺一层矿棉吸声毯。

(2) 胶合板。

根据夹数的不同，胶合板可分为三夹板、五夹板、七夹板、九夹板。根据使用胶料的不同，胶合板可分为酚醛胶板（耐水、耐热、抗菌，可用于湿热状态）、脲醛胶板（耐水、抗菌、不耐热，可用于潮湿状态）、血胶板（耐湿、不耐水、不耐热、不抗菌，用于室内）、豆粉胶板（不耐湿、不耐水、不耐热、不抗菌，只能在室内干燥状态下使用）。表 4-1 是各种人工合成植物板材的常见规格。

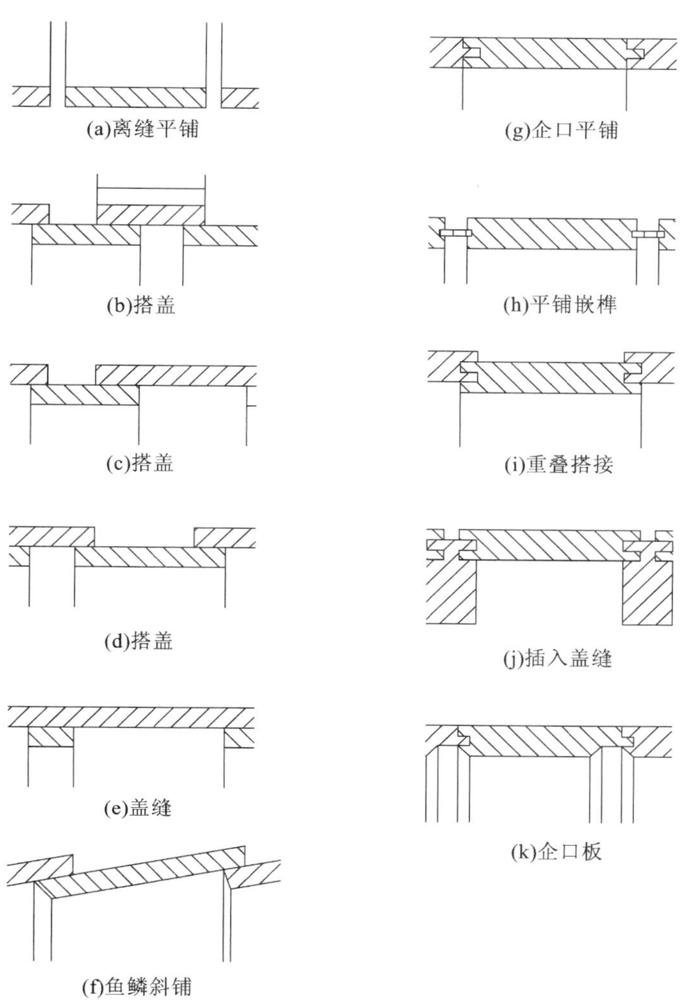

图 4-4　木板顶棚的结合形式

表 4-1 各种人工合成植物板材的常见规格 (mm)

胶 合 板	硬质纤维板	软质纤维板	装饰软质纤维板	装饰吸音板	木丝板	刨花板
915×1830×(3 ～ 4)(三夹) 915×1830×(5 ～ 7)(五夹)1220×1830×(5 ～ 7)(五夹)	915×1830×4 1050×2200×4 1150×2350×4	1200×2440×(13、16、19、25)	305×305×15	305×305×(10、13、16) 500×500×13	610×1830×25	1500×1000×16 2100×1250×19 3050×915×19

(3) 硬质纤维板。

硬质纤维板是由木材碎料或树枝经过切片、纤维分离、施胶、成型、热压而成的板材。它具有耐潮、抗菌、不受虫害侵蚀等优点。

(4) 软质纤维板。

软质纤维板用边角木料、稻草、甘蔗渣、麦秆、麻类植物纤维，经切碎、软化处理、打浆、加压成型后干燥而成。它具有容重小、结构松软、多孔、略有弹性、遇潮不变形等优点，是一种吸音、隔热、防潮的轻质材料。

(5) 装饰软质纤维板。

装饰软质纤维板是在软质纤维板上涂发泡塑化的聚氯乙烯树脂，成为泡沫型装饰软质纤维板。它的装饰效果好。

(6) 装饰吸音板。

装饰吸音板是指在软质纤维板表面用树脂贴钛白纸后，按图案钻孔(孔不穿透整个板)而成的钻孔吸音板，也称钻孔吸音棉。它的吸音、隔热和装饰等性能比普通软质纤维板好。

(7) 木丝板。

木丝板是用木丝、水泥、硅酸钠(水玻璃)加压而成的。它具有隔热、吸音、保温、防水、防潮等优点，吊顶、墙面均可使用。

(8) 刨花板。

刨花板是用木材碎料经蒸煮、干燥、施胶、热压而成的，可用于吊顶和墙面。

2. 基层布置

基层的龙骨必须结合板材的规格进行布置。龙骨中距最小尺寸为305mm×305mm，最大尺寸为600mm×600mm；超过最大尺寸时，中间应加小龙骨(即间距龙骨)。

3. 细部处理

(1) 板面处理。

板面按需要可喷色浆、油浆(光滑表面、小拉毛或立粉油漆等)，亦可裱糊塑料纸或绸缎。上述做法参见本书第三章“墙面装饰构造”。

此外，当需做吸音构造时，可在板材表面钻孔，并在上部铺设吸音材料，如矿棉、玻璃棉等。板材钻孔可按各种图案进行，孔眼直径和间距由声学要求来确定。

(2) 板缝处理。

板缝拼接处一般处理成立槽缝或斜槽缝，也可以不留槽缝，用纱布或绵纸粘贴缝痕。几种板缝的做法如图 4-5 所示。

(3) 吊顶端部处理。

吊顶端部可结合照明灯具、空调风口、音响器材等设备设施布置需要和空间造型处理需要做成各种形式，总体可以取持平、下沉或内凹三种形式(图 4-6)。如果吊顶端部与大面持平，一般需在与墙面交接处加做装饰线脚等收口处理。

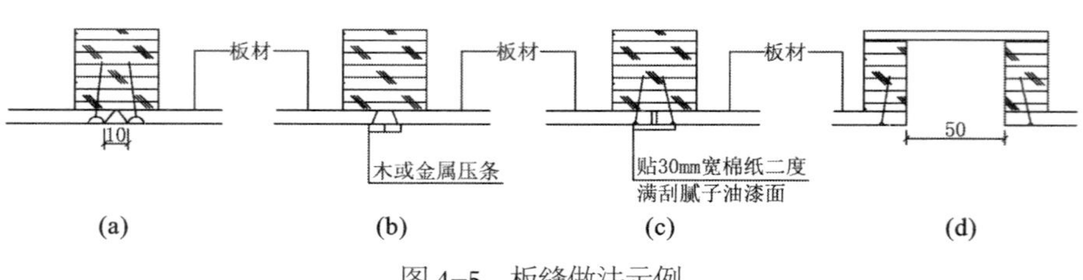

图 4-5　板缝做法示例

注：所用铁钉均须将头部打偏。

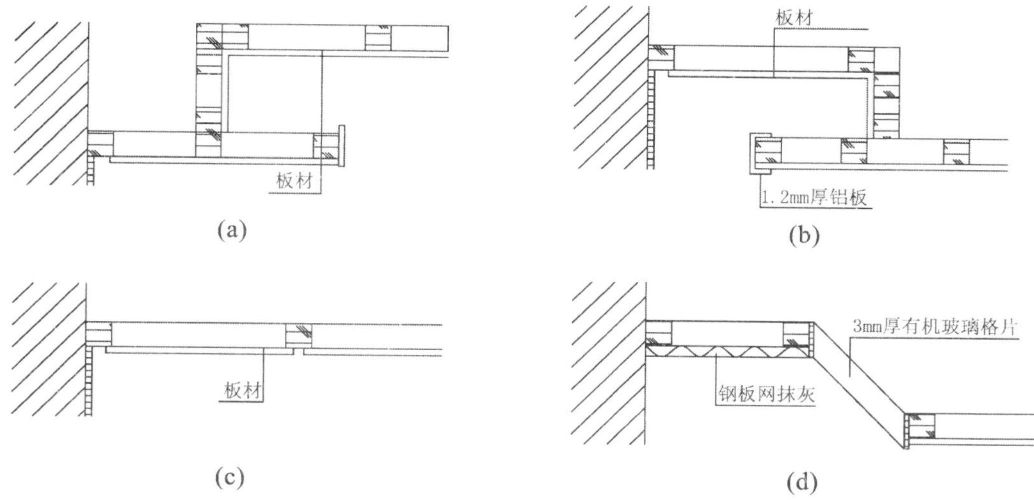

图 4-6 板材吊顶端部处理

二、矿物板材吊顶

矿物板材吊顶用石棉水泥板、石膏板、矿棉板等成品板材作面层，金属龙骨作基层。其优点是防火性好，可用于防火要求较高的建筑。

1. 石棉水泥板吊顶

石棉水泥板强度高、耐久、防火性好，可用于防火、防潮及有一定防震要求的建筑。其产品规格为 1200mm × 800mm ×(3 ~ 50)mm，用于吊顶的板厚一般为 4 ~ 8mm。

主龙骨采用 12 号槽钢，间距 2m；次龙骨一般用 T 形钢窗料，间距 800 ~ 1200mm。吊筋为钢筋或弯钩螺栓。

龙骨及板材布置有两种方式。

(1) 龙骨外露的布置。

双向设置次龙骨，板材放在龙骨的翼缘上，用开销卡住。次龙骨全部外露，形成方格形的顶面。这种布置方式构造简单，施工方便，便于铺设保温材料。

(2) 不露龙骨的布置。

双向设置次龙骨，板材用平头螺丝钉在龙骨下面，形成整片光洁平整的顶棚表面。板缝可紧密拼接，也可留分格缝。螺丝钉用腻子刮平，顶棚面涂油漆或做其他饰面。图 4-7 所示为不露龙骨的布置方式。

2. 石膏装饰吸声板吊顶

用于顶棚装饰的石膏板，主要有纸面石膏装饰吸声板和普通石膏装饰吸声板两种。

(1) 纸面石膏装饰吸声板。

纸面石膏装饰吸声板，是以建筑石膏为主要原料，加入纤维及适量添加剂做板芯，以特制的纸板为护面，经过加工制成的。

纸面石膏装饰吸声板分有孔和无孔两类，并有各种花色图案。它具有良好的装饰效果。由于两面都有特制的纸板护面，因而强度高、挠度较小，具有质轻、防火、隔声、隔热等特点，抗震性能良好，可以调节室内温度，施工简便，加工性能好。纸面石膏装饰吸声板适用于室内吊顶及墙

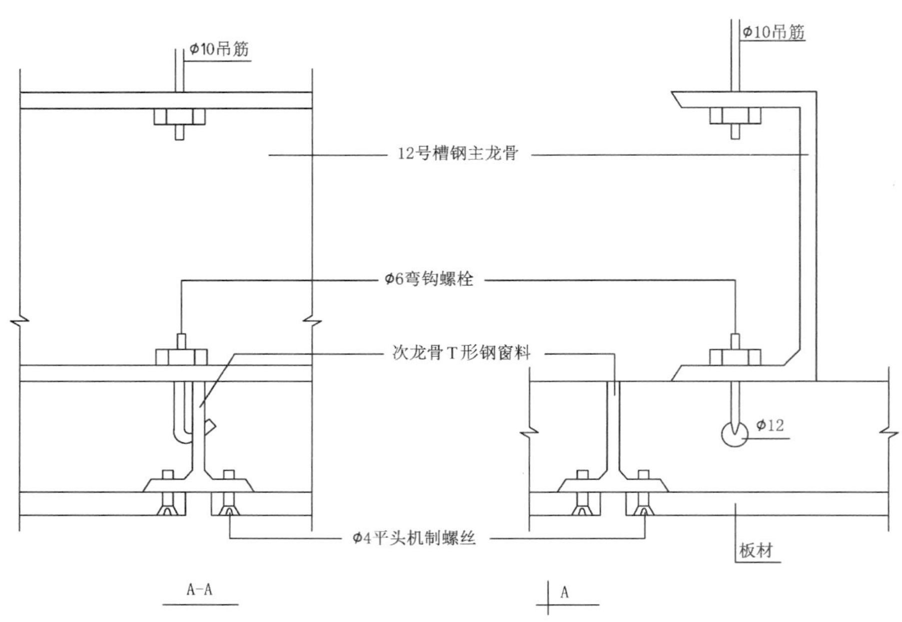

图 4-7　不露龙骨的布置方式

面装饰。

纸面石膏装饰吸声板的规格一般为600mm×600mm，厚度为 9 ～ 12mm。

(2) 普通石膏装饰吸声板。

普通石膏装饰吸声板，是以建筑石膏为主要原料，加少量增强纤维、胶粘剂、改性剂等，经搅拌、成型、烘干等工艺制作而成。它具有质轻、强度高、防潮、不变形、防火、阻燃、可调节室温等特点。其加工性能好，可锯、可钉、可刨、可黏结，施工操作方便。

普通石膏装饰吸声板品种较多，有各种平板、花纹浮雕板、穿孔及半穿孔吸声板等。常见的规格为 300mm、400mm、500mm、600mm 见方，厚度为 9 ～ 12mm。

(3) 构造方式。

石膏装饰吸声板吊顶采用薄壁轻钢龙骨作格栅，可节省大量木材。不上人的吊顶多用 ϕ6 钢筋或带螺栓的 ϕ9 钢筋作为吊筋，吊筋间距为 900 ～ 1200mm，再用各种吊件把次格栅吊在主格栅上，次格栅间距根据装饰板面料规格来确定。

板材固定在次龙骨上，其固定方式有以下三种。

第一，挂结方式。板材周边先加工成企口缝，然后挂在倒 T 形或工字形次龙骨上，故又称“隐蔽式”。

第二，卡结方式。板材直接放在次龙骨翼缘上，并用弹簧卡子卡紧，次龙骨露于顶棚面外。

第三，钉结方式。次龙骨和间距龙骨的断面为卷边槽形，以特制吊件悬吊于主龙骨下，板材用平头螺钉钉于龙骨上，龙骨底预钻螺钉孔。

3. 矿棉板和玻璃棉板吊顶

矿棉板是以矿棉为主要原料，加入适量的黏结剂、防潮剂和防腐剂，经加压、烘干、饰面而成的一种新型吊顶装饰材料。

玻璃棉板以玻璃棉为主要原料，同样

加入适量黏结剂、防潮剂和防腐剂，经热压加工成型。

矿棉板和玻璃棉板质轻、吸声、保温、不燃、耐高温，特别适用于有一定防火要求的顶棚。它可以作为吸声板，直接用于顶棚或与其他材料结合使用，制成吸声顶棚。这两种板材多为方形或矩形，方形时边长为 300 ~ 600mm，厚度为 12 ~ 50mm，可直接安装在金属龙骨上。这种安装方式分为龙骨可见、龙骨部分可见和龙骨全隐蔽三种。

龙骨可见是将方形或矩形板材直接搁置在格子形组合的倒 T 形龙骨的翼缘上。

龙骨部分可见是将板材的侧面做成倒 L 形搁置。

龙骨全隐蔽是将板材侧面制成卡口，卡入倒 T 形龙骨的翼缘中。

以上安装形式的安放和取下操作均较方便，有利于顶棚上部空间内设备和管线的安置及维修。

这类矿物板材吊顶还可以在倒 T 形龙骨上双层或单层垂直安装，形成格子形吊顶，以满足声学、通风和照明的一些要求。另一种双肢穿孔的带翼缘龙骨的矿棉板顶棚，还可以利用龙骨的穿孔作为顶棚的通风孔，从而省去了常见的单个风口，使顶棚的造型更为简洁明快。

三、金属板材吊顶

金属板材吊顶是用轻质金属板材，如铝板、铝合金板、薄钢板、镀锌铁皮等作面层的吊顶。常见的板材有压型薄钢板和铸轧铝合金型材两大类。薄钢板表面可作镀锌、涂塑和涂漆等防锈饰面处理；铝合金板表面可作电化铝饰面处理。这两类金属板表面都有打孔或不打孔的条形、矩形、方形以及其他形式的塑材。此外，还有打孔或铸成的各种形式的网格板，其中有方格、条格、圆孔以及各种形状相结合的网格板。

金属板材吊顶自重小，美观大方，不仅具有独特的质感，而且平整、挺括，线条刚劲而明快，这是其他材料所无法比拟的。在这类吊顶中，吊顶龙骨除作承重杆件外，还兼具卡具的作用。这种独特的构造，是其他类型吊顶所没有的。其构造简单，安装方便，耐火，耐久，十几年来，在各类建筑中得到广泛的应用。

顶棚采用金属板材作面层材料时，格栅可用 0.5mm 厚铝板、铝合金或镀锌铁皮等材料制成，吊筋采用螺纹钢套接，以便调节定位。金属板材吊顶所用的格栅、板材和吊筋，均应涂防锈油漆。

1. 金属条板顶棚装饰构造

用铝合金和薄钢板线轧成的槽形条板，有窄条、宽条之分，中距有 50mm、100mm、120mm、150mm、200mm、250mm、300mm 多种，离墙缝宽约 16mm。根据条板类型和顶棚龙骨布置方法的不同，可以有各式各样的、变化丰富的装饰风格。根据条板与条板相接处的板缝处理形式，可将其分为两大类，即开放型条板顶棚和封闭型条板顶棚。开放型条板顶棚离缝间无填充物，便于通风。也有在上部另加矿棉或玻璃棉垫，作为吸声顶棚使用，还可在条板上打孔，以加强吸声效果。封闭型条板顶棚在离缝间可另加嵌缝条或条板，有些型号的条板单边有翼盖，因而不需再设离缝。

轻金属槽形条板表面可以烧成搪瓷或烤漆、喷漆。轻金属龙骨根据板材形状做成夹齿，以便与板材连接。如果板宽超过100mm，板厚超过1mm，则多采用螺钉等来固定。

2. 金属格子式顶棚装饰构造

金属格子式顶棚装饰构造能为照明、吸声和通风创造良好的条件。在格条上面设置灯具，可以在一定角度下减少眩光；在竖向条板上打孔，或者在格条上再做一水平吸声顶棚，可改善吸声效果。

近年来，轻金属网格板被较多地应用，其造型多种多样，可以是纯粹的方格网，也可以由条格、方格、圆格等几何形组合在工厂里定型铸造而成。一些层高比较低、人流比较多的公共建筑，用网格板做顶棚既不会减小空间容积，没有压抑感，又达到了装饰的效果。这对改变了用途又没有足够层高的旧房改造装饰工程非常有意义，尤其适用于自选商场、舞厅这些对顶棚没有过高要求的大空间。

网格板的构造非常简单，它可以卡扣在龙骨上或直接搁置在倒T形龙骨上，图4–8所示为轻金属网格板的几种花饰。

3. 金属方板顶棚装饰构造

金属方板顶棚在装饰效果上别具一格，而且可在顶棚表面设置灯具、风口、喇叭等，易于与方板协调一致，使整个顶

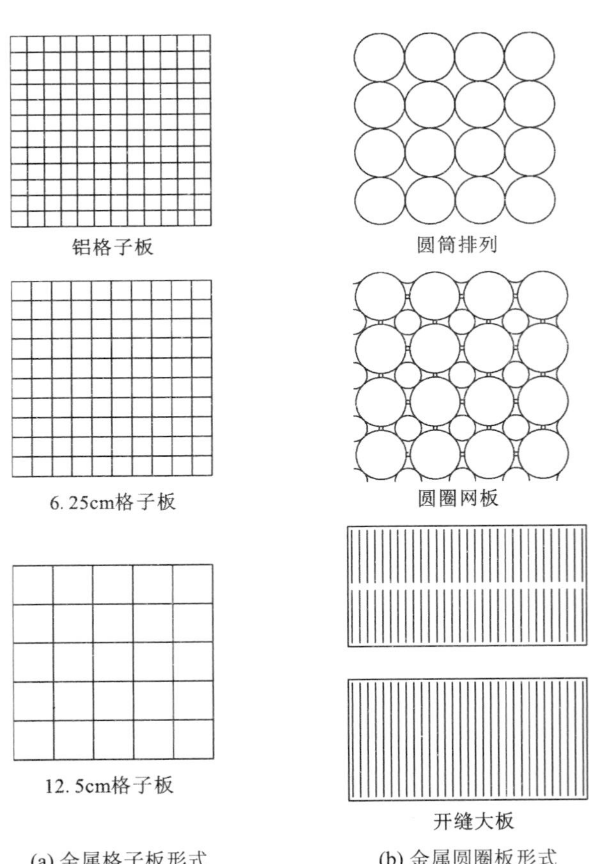

图4–8　轻金属网格板

棚表面形成有机整体。另外，采用方板吊顶时，与柱、墙边的处理会较为合理，这也是其一大特点。如果将方板吊顶与条板吊顶相结合，更可取得形状多样、组合灵活的效果。当金属方板顶棚采用开放型结构时，还可兼起吊顶的通风作用。因此，近年来金属方板顶棚的应用有日益增多的趋势。

金属方板安装的构造分搁置式和卡入式两种。搁置式多为T形龙骨，方板四边带翼，搁置后形成格子形离缝。卡入式的金属方板卷边向上，形同有缺口的盒子，一般边上轧出凸出的卡口，卡入有夹簧的龙骨中。方板可以打孔，上面衬纸，再放置矿棉或玻璃棉的吸声垫，形成吸声顶棚。方板亦可压成各种纹饰，组合成不同的图案。

小贴士

塑料扣板铆钉安装注意要点

塑料扣板的固定材料是铆钉，铆钉安装在木龙骨底面，不宜在同一个部位同时钉入多个铆钉，因为塑料扣板被固定后，应当能随时拆卸下来，对吊顶内部进行检修。铆钉只是起到临时固定的作用，不能和气排钉相比。安装铆钉时用大拇指将其按入木龙骨即可，不能用铁锤等工具钉接，以免破坏塑料扣板。

第五节
顶棚特殊部位的装饰构造

一、吸顶灯具

安装在顶棚上的灯具，可分为明装吸顶灯、暗装吸顶灯和暗装槽灯。灯具的形式和布置，应结合顶棚设计统一考虑。

1. 明装吸顶灯

明装吸顶灯是将灯泡、灯管明露于顶棚外。其优点是光效高，利于散色，构造简单，维修方便，造价低。其缺点是有眩光。

2. 暗装吸顶灯

暗装吸顶灯是将日光灯管或白炽灯泡隐蔽在灯罩内。它具有光线柔和、无眩光、形式丰富多样、装饰效果好等优点，但其构造较复杂、造价高。

3. 暗装槽灯

暗装槽灯是将光源装在顶棚暗槽内的一种灯光装置。暗装槽灯借助槽内的反光面，将灯光反射至顶棚表面，从而使室内得到柔和的光线。它较之吸顶灯通风散热好、维修方便。暗装槽灯常沿大厅吊顶四周布置，配合吸顶灯使用。

二、吊顶检修孔、上人孔、通风孔构造

吊顶及吊顶内的各类设备，会在使用过程中损坏或出现故障，所以必须经常做例行检查或维修，吊顶也必须经常保持良好的通风以利散湿、散热，以免其中的构件、设备等发霉腐烂。

在吊顶上设置的检修孔、上人孔、通风孔等孔洞，既要满足使用要求，又要尽量隐蔽，使吊顶完整统一。

吊顶上孔洞的尺寸一般不小于600mm×600mm。

吊顶上的检修孔一般用于对设备中一些容易出故障的节点进行检修，所以它的尺寸相对较小，只要能操作即可。图4-9所示为吊顶设在灯槽处的检修孔构造，由于设在侧壁下部或向内倾斜，所以不容易被发现。

图4-10所示为设在假壁的吊顶通气

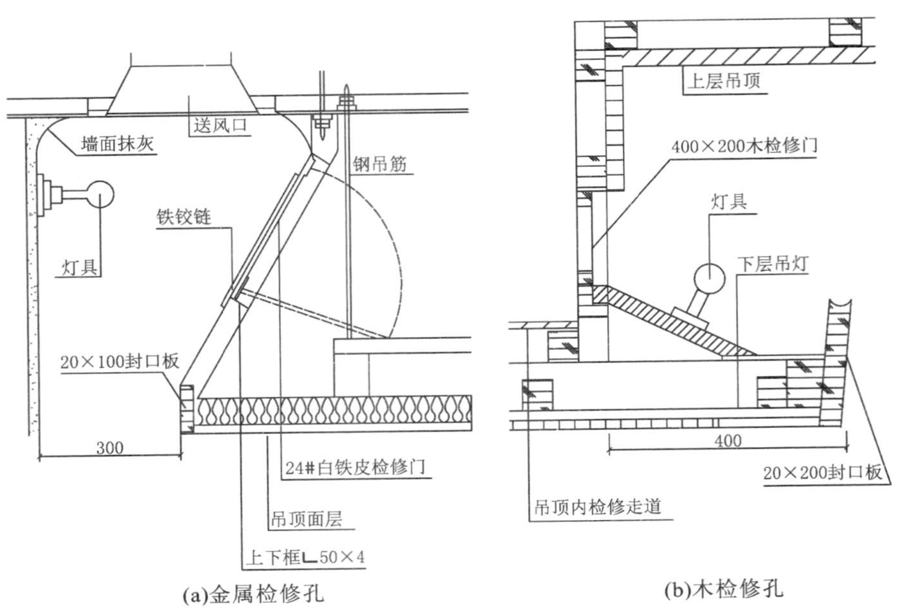

(a)金属检修孔　　(b)木检修孔

图4-9　检修孔

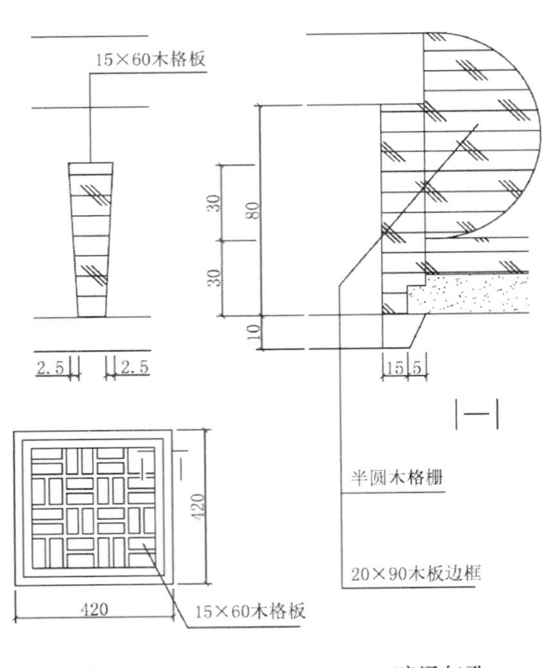

(a)明通气孔　　(b)暗通气孔

图4-10　通气孔

小贴士

吸顶灯的种类

吸顶灯常用的电光源有圆形节能荧光灯、2D形节能荧光灯和直管形荧光灯等。灯罩可分为玻璃罩、玻璃棒、玻璃片、有机玻璃罩和格栅罩、格栅反射罩等。其中玻璃罩按形状不同又分圆罩、方罩、长形罩、直筒形罩和各种花色造型罩；按工艺不同又分为透明、乳白、磨砂、彩色和喷金等几种。各种灯型因其结构不同，发光情况也不同，大致可分为下向投射型、散光（漫射）型及全面照明型等。

孔构造，由于它没有其他功能，所以可以做成固定格栅状，并用钢板网作衬底。

第六节

案例分析：石膏板吊顶

一、介绍

客厅、餐厅等面积较大的顶面，一般采用纸面石膏板制成外观平整的石膏板吊顶造型。石膏板吊顶一般由吊杆、骨架、面层三部分组成。吊杆承受吊顶面层与龙骨架的荷载，并将荷载传递给屋顶的承重结构，吊杆大多使用钢筋。骨架承受吊顶面层的荷载，并将荷载通过吊杆传给屋顶承重结构。面层具有装饰室内空间、降低噪音、界面保洁等功能。

二、结构示意图

石膏板吊顶构造如图4-11所示。

三、施工流程

1. 安装预埋件

在顶面放线定位，根据设计造型在顶面、墙面钻孔，安装预埋件（图4-12）。

2. 制作龙骨架

在预埋件上安装吊杆，并在地面或操作台上制作龙骨架（图4-13、图4-14）。

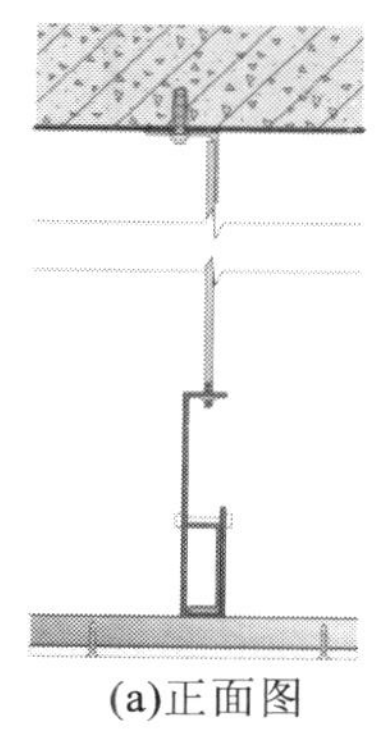

(a)正面图

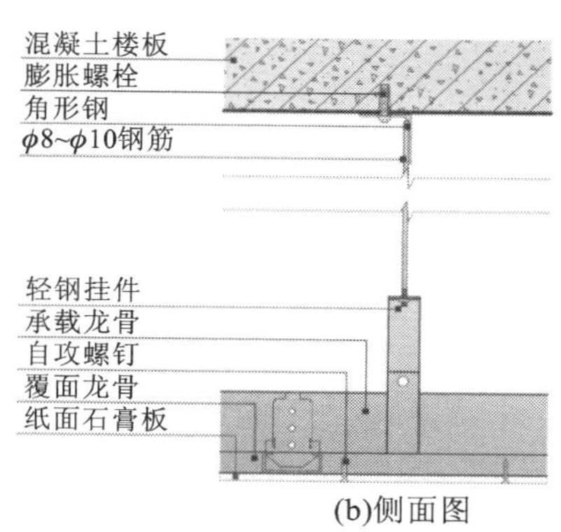

(b)侧面图

图4-11　石膏板吊顶构造

图 4-12　放线定位、钻孔

图 4-13　制作龙骨架（一）

图 4-14　制作龙骨架（二）

3. 挂接龙骨架

将龙骨架挂接在吊杆上，调整平整度，对龙骨架做防火、防虫处理。

4. 石膏板覆面

在龙骨架上钉接纸面石膏板，并对钉头做防锈处理，进行全面检查（图 4-15、图 4-16）。

图 4-15　石膏板覆面（一）

图 4-16　石膏板覆面（二）

四、总结

吊顶起伏不平的原因：在吊顶施工前墙面四周未准确弹出水平线，或未按水平线施工；吊顶中央部位的吊杆未往上调整，不仅未向上起拱，而且还因中央吊杆承受不了吊顶的荷载而下沉；吊杆间距大或龙骨悬挑距离过大，龙骨受力后产生了明显的曲度。

基层制作完毕后，吊杆未仔细调整，局部吊杆受力不均甚至未受力，木质龙骨变形，轻钢龙骨弯曲等都会导致吊顶起伏不平。接缝部位刮灰较厚造成接缝突出，表面石膏板或胶合板受潮后变形也会导致吊顶起伏不平。因此，既要把控吊顶的质量，又要注意安装时的细节，才能使吊顶美观大方。

思考与练习

1. 顶棚的作用是什么？

2. 顶棚有哪些类型？

3. 吊顶由哪几部分组成？

4. 直接式顶棚主要有哪几种？分别简述它们的装饰构造。

5. 抹灰类吊顶主要有哪几种？分别简述它们的装饰构造。

6. 植物板材吊顶主要有哪几种？

7. 矿物板材吊顶主要有哪几种？

8. 金属板材吊顶主要有哪几种？

第五章 其他装饰构造

学习难度： ★★☆☆☆

重点概念： 隔墙与隔断的装饰构造、花格的装饰构造、柜台构造

章节导读

其他装饰构造也有很多，比如隔墙与隔断、花格、柜台等构造，这些装饰构造在装修中能起到锦上添花的效果。随着生活水平的提高，这些细部的装饰构造越来越受到人们的重视，本章介绍几种比较常见的其他装饰构造。

第一节 隔墙与隔断的装饰构造

隔墙与隔断的功能相似，它们有着一些共同的要求：(1) 自重轻；(2) 厚度薄，少占空间；(3) 用于厨房、厕所等特殊房间，应有防火、防潮或其他性能；(4) 便于拆除而又不损坏其他构配件。

常用的隔墙（包括隔断）根据材料组成和构造方法的不同，可分为立筋式隔墙、块材隔墙和板材隔墙等。

一、立筋式隔墙

立筋式隔墙是由木筋骨架或金属骨架及墙面材料两部分所构成。立筋式隔墙可根据墙面材料的不同来命名，如板条抹灰隔墙、钢板网抹灰隔墙和人造板隔墙等。凡先立墙筋，后钉各种材料，再进行抹灰或油漆等饰面处理的，均可归入立筋式隔墙。

1. 板条抹灰隔墙

板条抹灰隔墙，又称灰板条墙，它具

有质轻、装拆方便等特点，故应用较广。但其防火、防潮、隔声性能较差，并且耗用木材较多。

板条抹灰隔墙由上槛、下槛、墙筋（立筋）、斜撑（或横档）及板条等木构件组成骨架，然后进行抹面（图 5–1）。

板条抹灰隔墙的具体做法：先立边框墙筋，撑住上、下槛，并在上、下槛中间每隔 400mm 或 600mm 竖立一根墙筋，上槛、下槛、墙筋的截面尺寸均为 50mm × 70mm 或 50mm × 100mm，依房间层高的不同而选用。再用同样断面的木材在墙筋间，至少每隔 1.5m 设一个斜撑，两端撑紧、钉牢，以增加强度。骨架做成后，在两面各钉板条，以便抹面。板条的尺寸有两种：1200mm × 24mm × 6mm 和 1200mm × 38mm × 9mm。其中，前者多用于墙筋间距为 400mm 时；后者则用于墙筋间距为 600mm 时。板条横钉在墙筋上，板条之间要留出 7 ~ 10mm 的空缝，使灰浆挤到板条缝的背面，“咬”住板条墙。考虑到板条的湿胀干缩的特点，其接头处要留出 3 ~ 5mm 的伸缩余地，同时板条接头每隔 500mm 左右要错开一

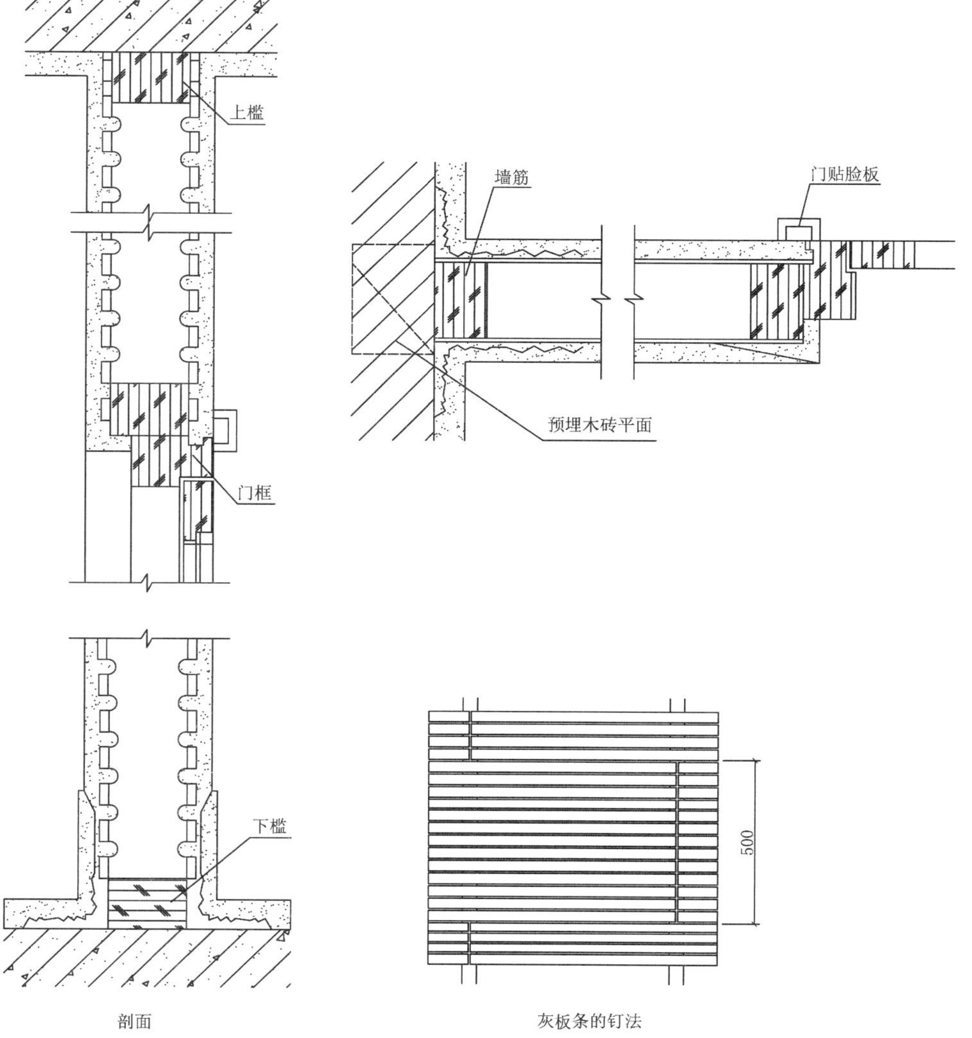

图 5–1 板条抹灰隔墙

档墙筋，避免胀缩集中在一条线上，并在灰板墙与砖墙相接处加钉钢丝网，每侧宽200mm左右，减少抹面层出现裂缝的可能。为了防水、防潮和保证抹灰水泥沙浆踢脚的质量，下部可先砌2～3皮黏土砖，与图5-2近似。

灰板墙内如设门窗时，门框、窗框两边须设墙筋。灰板墙由于质轻、壁薄、拆除方便，一般的钢筋混凝土空心楼板就足够承受它的质量而不需要采取加强措施，所以目前仍然是应用很广的一种形式，但从节约木材的角度来看，应该少用或不用。

为了提高隔墙的耐火、防潮性能，一般采用钢板网抹灰隔墙。

钢板网抹灰隔墙的骨架与灰板墙相同。钢板网规格不一，一般均采用拉空式钢板网，网孔成斜方形，尺寸为600mm×1800mm，厚薄不同。薄的钢板网一般钉在板条外，板条间缝可以放宽至10～20mm；厚的钢板网可以直接钉在墙筋上，但墙筋间距应按钢板网规格排列，然后再在钢板网上抹水泥砂浆或做其他面层。

2. 人造板隔墙

人造板包括胶合板、纤维板、石膏板等。人造板隔墙的骨架与灰板墙相同，但墙筋与横档的间距均应按各种人造板的规格排列(图5-2)。人造板接缝应留有5mm左右的伸缩余地，并可采用铝压条

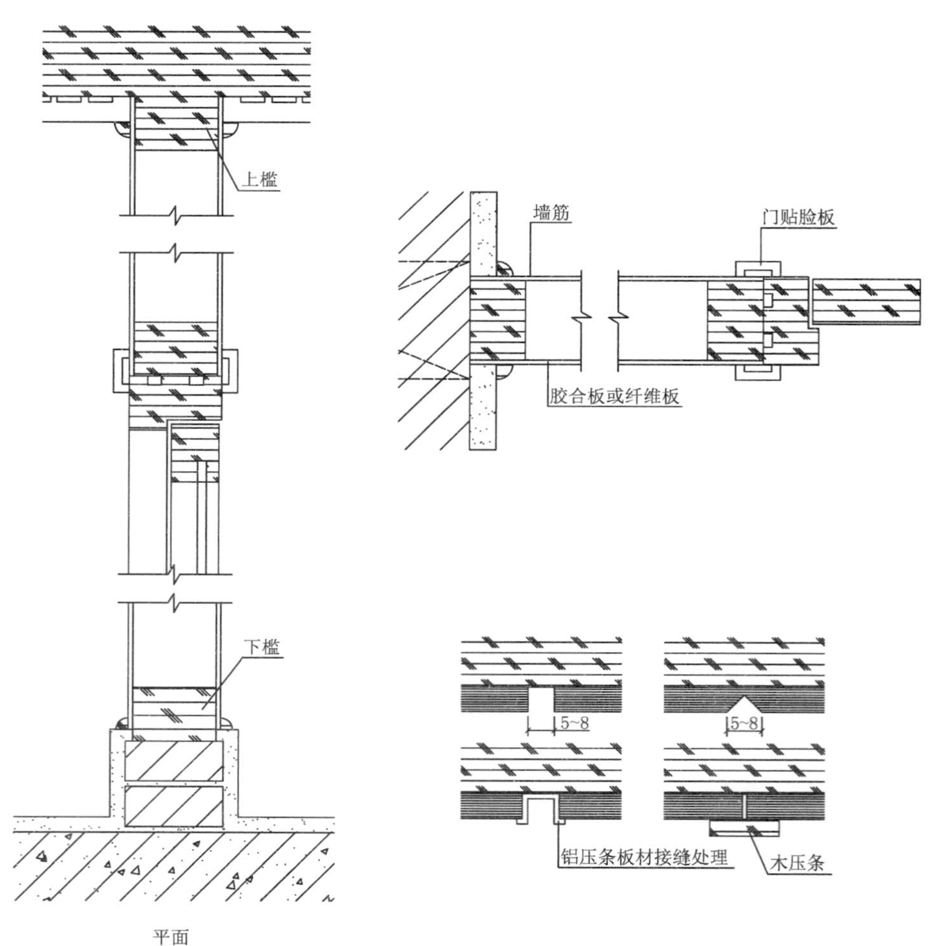

图5-2 胶合板或纤维板隔墙

或木压条盖缝。

用于隔墙的胶合板的尺寸有1830mm×915mm×4mm(三夹板)和2135mm×915mm×7mm(五夹板)等，用于隔墙的硬质纤维板的尺寸有2200mm×1050mm×4mm和2350mm×1150×5mm等，用于隔墙的石膏板的规格有3000mm×800mm×12mm和3000mm×800mm×9mm等。石膏板可锯、钻，用镀锌螺丝固定在木骨架上。为了节约木材，可采用薄壁钢槽骨架，用电钻钻孔后，再用螺钉固定(图5-3)。板面刮腻子后刷油漆、刷

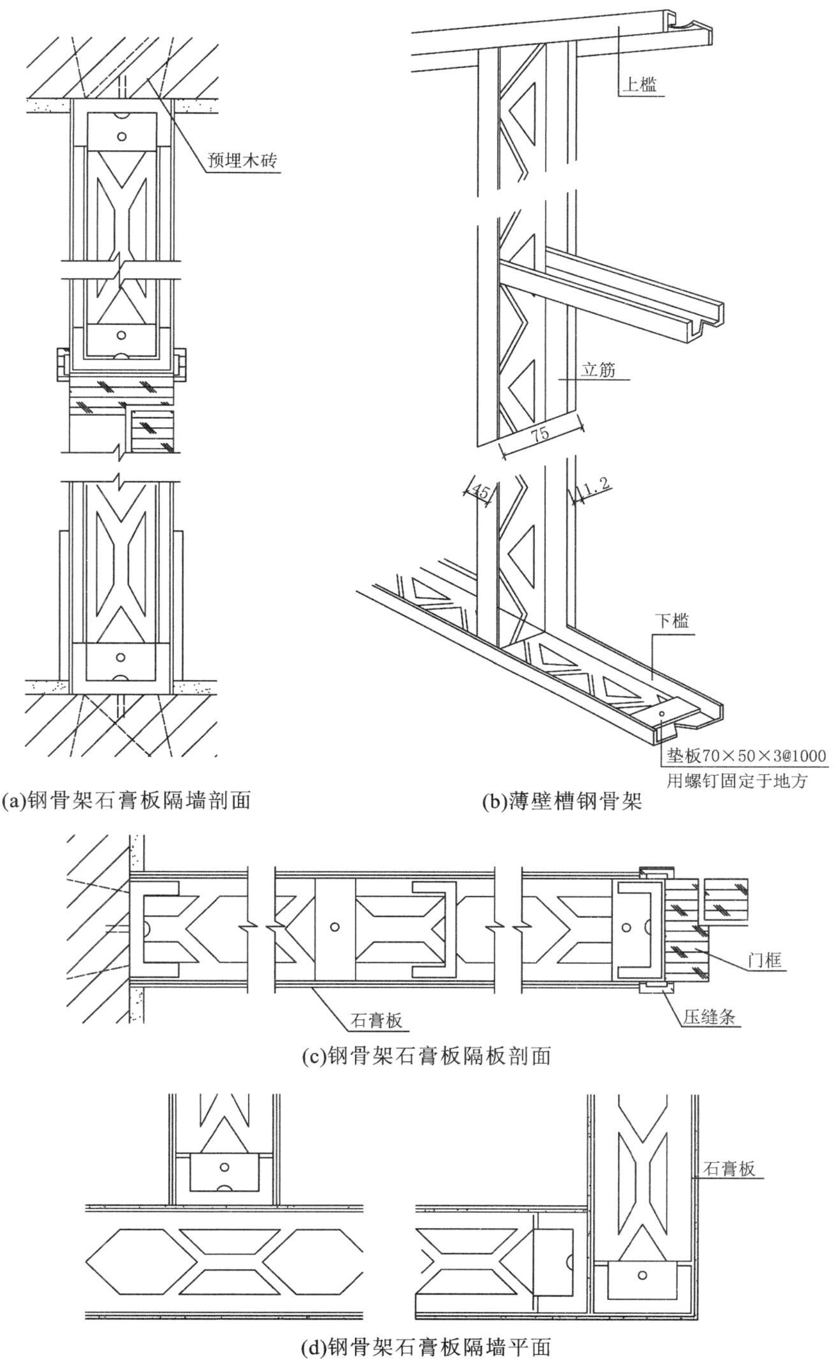

图5-3　石膏板隔墙

浆或贴塑料墙纸。

二、块材隔墙

块材隔墙可用普通砖或多孔砖砌筑，其优点是耐久性和耐湿性较好，但是自重较大。

1. 砖隔墙

砖隔墙用普通砖顺砌为半砖墙，侧砌为 1/4 砖墙，可采用 25 号或 50 号砂浆砌筑。

当半砖隔墙高度超过 3m，长度超过 5m 时，每隔 8 ~ 10 皮砖砌入 ϕ4 钢筋一根。隔墙上部与楼板相接处，用立砖斜砌，使墙和楼板挤紧。隔墙上有门时，要用预埋铁件，或用带有木楔的预制混凝土块，将门框固定在砖墙上。

1/4 砖隔墙一般用于不设门洞的次要房间，如厨房之间的隔墙。若用于有门洞的隔墙时，则须将门洞两侧墙垛放宽到半砖后，或用钢筋混凝土小立柱加固(图 5-4)。

小贴士

木龙骨石膏板隔墙开裂的原因

木龙骨石膏板隔墙开裂主要是由于木龙骨含水率不均衡，完工后易变形，造成石膏板受到挤压以致开裂。同时，石膏板之间接缝过大，封条不严实也会造成开裂。

石膏板不宜与木质板材在墙面上发生连接，因为两者的物理性质不同，易发生开裂。墙面刮灰所用的腻子质量不高致使石膏板受潮不均，建筑自身的混凝土墙体时常发生膨胀或收缩，这些都会造成木龙骨石膏板隔墙开裂。

2. 空心砖隔墙

空心砖的形状与规格较多，包括黏土烧制的空心砖和水泥炉渣空心砖等。

(1) 黏土空心砖隔墙。

黏土空心砖隔墙采用尺寸为 190mm × 190mm × 90mm 的空心砖，用 25 号砂浆侧立面砌，再加固两面抹灰各 15mm，墙厚为 120mm。每隔 600mm 高砌入一根 ϕ4 或 ϕ6 钢筋，两头弯钩，并伸入隔墙 100mm，以增强其稳定性。

(2) 水泥炉渣空心砖隔墙。

水泥炉渣空心砖隔墙也应采取加强自身稳定性的措施。在与外墙连接处，或在门窗洞口两侧要砌黏土砖加固。为了防潮、防水，下部先砌 3 ~ 5 皮黏土砖。

黏土空心砖隔墙及水泥炉渣空心砖隔墙应用整砖砌筑，不够整砖时宜用实心黏土砖填充，避免用空心砖。在空心砖墙上安装卫生设备时，应在离地 1m 范围内用实心砖砌筑，并预留木砖。

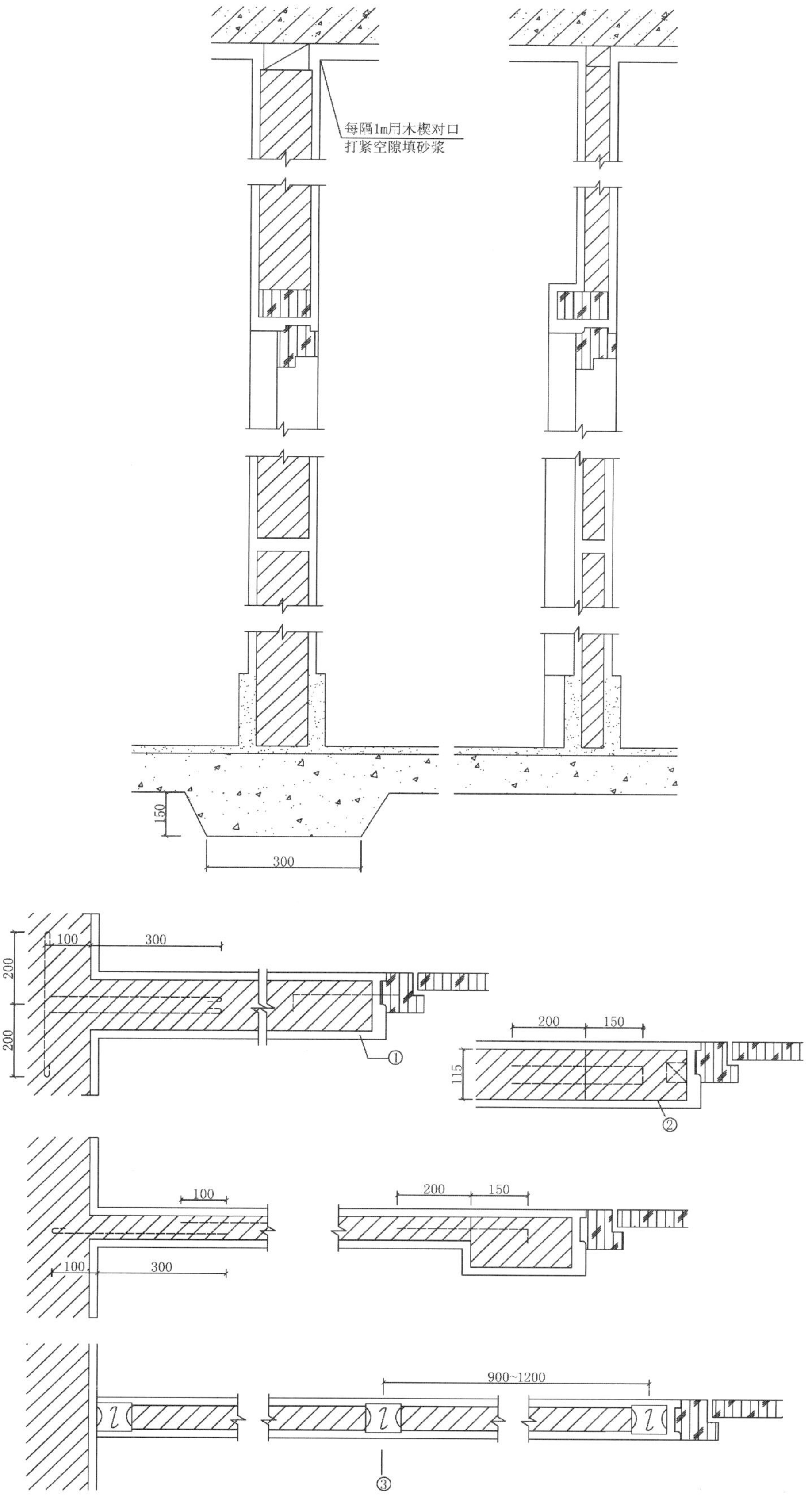

每隔1m用木楔对口
打紧空隙填砂浆
150
300
100
300
200
200
①
200
150
115
②
100
200
150
100
300
900~1200
③

图 5-4　砖隔墙

续图 5-4

三、板材隔墙

板材隔墙是指其单板高度相当于房间的净高，面积较大，并且不依赖骨架，直接装配而成的隔墙。例如，碳化石灰板隔墙、加气混凝土板隔墙等。

1. 碳化石灰板隔墙

碳化石灰板隔墙在安装时，板顶与上层楼板连接，可用木楔打紧；两块板之间可用水玻璃黏结剂连接（水玻璃黏结剂的配合比为水玻璃：磨细矿渣：细砂：泡沫剂 =1:1:1.5:0.01)(图 5-5)；然后在墙表面刮腻子，再刷砂浆或贴塑料墙纸。

2. 加气混凝土板隔墙

加气混凝土是由水泥、石灰、砂、矿渣、粉煤灰、铝粉发气剂等，经过原料处理、配料、浇筑、切割及蒸压养护等工序制成的。其容重为 500kg/m^3，抗压强度为 30 ~ 50kg/cm^2，保温效能好，并具有可钉、锯、刨等优点。

加气混凝土隔墙板的规格：长 2700

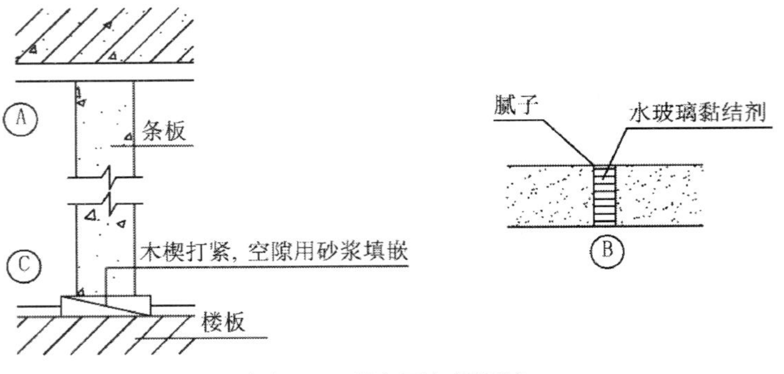

图 5-5　碳灰石灰板隔墙

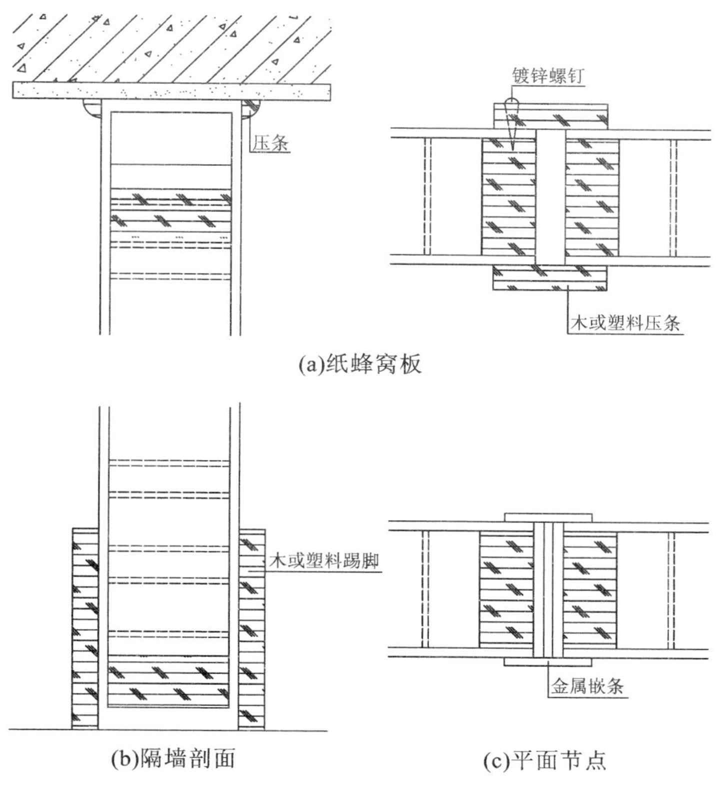

(a)纸蜂窝板

(b)隔墙剖面　(c)平面节点

图 5-6　纸蜂窝板隔墙

~ 3000mm，宽 600mm，厚 100mm。隔墙板之间可用水玻璃矿渣黏结砂浆(水玻璃：磨细矿渣：砂 =1:1:2)或 107 胶聚合水泥砂浆(1:3 水泥砂浆加入适量 107 胶即聚乙烯醇缩甲醛)黏结，灰缝力求饱满均匀，灰缝宽度控制在 2 ~ 3mm。

3. 纸蜂窝板隔墙

纸蜂窝板是用浸渍纸以树脂粘贴成纸芯，再经张拉、浸渍酚醛树脂、烘干固化等工序制成的。纸芯形如蜂窝，两面贴以面板(如纤维板、塑料板等)，四周镶木框做成墙板，其规格有 3000mm × 1200mm × 50mm 及 2000mm × 1200mm × 43mm 等。安装时，两块板之间可用木、塑料压条或金属嵌条连接固定(图 5-6)。

上述立筋式隔墙、块材隔墙和板材隔墙为常用的几种基本构造类型。此外，还有水磨石钢筋混凝土隔断，用于盥洗室等处；木板隔断以及玻璃隔断，用于既要分隔又要采光之处。各地农村或偏远山区利用当地材料来做的隔墙，主要有草龙墙、芦苇墙、竹编墙等，它们分别以草龙、芦苇、竹编为骨架，经两面抹灰而成。

第二节　花格的装饰构造

花格用在建筑空间中有一种既分又合的效果。它既可以分隔、限定空间，又能使两边空间存在一定的交流。所以，它经常被用于室外空间的围墙、隔墙等处，或室内空间的隔断以及交通过渡空间，如门厅、楼电梯厅等空间附近。花格同时也是一种建筑装饰品，可以起到丰富、活跃空间的效果。例如，它经常与花坛绿化结合，放在走廊出入口附近，起一种点缀作用。

根据所用材料的不同，花格可分为以下几种。

一、砖花格、瓦花格

砖、瓦是较为普遍的地方材料，其价格低廉、施工简便。砖、瓦用作花格在我国已有悠久的历史。

1. 砖花格

砖花格用于围墙、隔墙、栏板等处，采用标准砖较多，有时也用空心砖或望砖。砖花格具有朴素大方的风格。砖花格的厚度有 120mm 和 240mm 两种。120mm 厚的花格墙，高度和宽度宜控制在 1500mm ~ 3000mm 范围内，240mm 厚的可达 2000mm ~ 3500mm。砖花格必须与实墙、柱连接牢固。

用作砌筑花格、花墙的砖，要求质地坚固，大小一致，平直方整，一般多用 1:3 水泥砂浆砌筑。花格砌后可以在表面进行勾缝处理，做成清水勾缝花格或加以抹灰饰面处理。

砖花格可平砌或砌出凹凸变化。

2. 瓦花格

瓦花格采用蝴蝶瓦砌筑。由于蝴蝶瓦厚度小，呈弧形，可以构成生动雅致、纤细优柔的形态，具有尺度小的特点，多用于小型庭院。由于瓦的强度较小，花格面积不宜过大，常与墙面组成漏窗形式，多用 1:3 ~ 1:2.5 的水泥砂浆砌筑连接。

瓦花格在传统式样建筑中，还被用于屋脊作压脊花饰，以白灰麻刀或清灰砌结，高度不宜过大，顶部宜加钢筋砖带或混凝土压顶。

二、琉璃花格

琉璃花格是我国传统装饰构件之一。其色泽丰富多彩，经久耐用。琉璃花格多被用于围墙、栏杆、漏窗等部位，其构件及花饰可按设计进行烧制，成品古朴高雅，但造价较高，且受撞易破损，目前一般多用于公共场合。

琉璃花格一般用 1:2.5 水泥砂浆砌筑，在必要的位置上采用镀锌铁丝或钢筋锚固，然后用 1:2.5 水泥砂浆填实。

三、混凝土花格、水磨石花格

混凝土花格与水磨石花格均为水泥制品，因此又可称为水泥制品花格。水泥制品花格可浇捣成各种不同造型的单体。其拼接灵活，坚固耐久，适用于室外大片围墙、栏杆等。

1. 混凝土花格

混凝土花格制作时要求模板表面光滑，如选用木模板应进行刨光或包以铁皮，使构件表面光洁。为了便于脱模，模板上应涂脱模剂，如废机油等。较复杂的花格模板，最好做成可活动拆卸和拼装的，浇捣时用 1:2 水泥砂浆一次浇成。若花格厚度大于 25mm 时可用 C20 细石混凝土，均应浇筑密实。在混凝土初凝时脱模，不平整或有砂眼处用纯水泥浆修光。

混凝土花格用 1:2.5 的水泥砂浆拼砌，但拼装最大高度与宽度均不应超过 3m，否则需加梁柱固定。混凝土花格表面可用油性或水性涂料上色。

2. 水磨石花格

表面要求较光洁的花格也可用水磨石制作。材料可选用 1:2.5 ～ 1:2 的水泥、石碴，石碴粒径为 2 ～ 4mm，进行捣制并经过三次打磨，每次打磨后用同样水泥浆满批填补麻面，再进行三道抛光，待花格拼装完工后再用醋酸或草酸洗净，并进行上蜡，所上蜡可由光蜡、硬脂酸、甲醛配制。

四、竹、木花格

竹、木花格多用于小型庭院中的围墙、花窗、隔断。

作为花格网的竹子应质地坚硬，直径匀称，竹身光洁。在使用前，应进行防腐、防蛀处理。表面可涂清漆，或烧成斑纹、斑点、刻花、刻字。

竹子的组合方法以销钉为主，可用销、套、塞、穿等构造。

木花格多用各种硬木或杉木制作。由于木材加工方便、制作简单，构件断面可做得纤细，又可雕刻成各种花纹，自重小，方便装卸，常用于室内的活动隔断、博古架、门罩等。

木花格根据不同使用情况，可采用榫接和胶结并用，较大构件也需加钉或螺栓连接固定。其形式与构造可参见图 5-7。

五、金属花格

金属花格是一种较为精致的花格，适用于室内外，可用于窗栅、门扇、门罩、围墙、栏杆等处。制作金属花格的方法有如下两种。

1. 浇铸成型

如铸铁、钢、铝合金等，可借助模型浇铸成整幅的花式，多用于大型复杂的花格。

2. 弯曲成型

采用型钢、扁钢、钢管、钢筋等作构件，弯曲拼装而成，可以构成几何图案，也可以构成整幅的花式。

金属花格可嵌入硬木、有机玻璃、彩色玻璃，使其更加丰富多彩、变化无穷。金属花格表面可以进行涂漆、烤漆、镀铬、镏金等处理，更显鲜艳夺目、富丽堂皇。

金属花格的拼接与安装多用焊、铆或螺钉等方法。

六、玻璃花格

用玻璃制作的花格具有一定的透光性，表面易清洁而且光滑，色彩鲜艳明亮，多用于室内隔断、门窗、扇等部位。

玻璃花格可采用平板玻璃进行各种加工，如磨砂、银光刻花、夹花、喷漆等，也可采用玻璃厂生产的玻璃砖、玻璃管、压花玻璃、彩色玻璃等。

1. 磨砂玻璃

将平板玻璃表面用小块玻璃板，夹以金刚砂进行打磨，打磨时加少量水，使表面成为透光但不透视线的乳白色。

2. 银光刻花玻璃

银光刻花玻璃的制作程序如下。

(1) 涂沥青漆。

先将玻璃洗净，干燥后涂上一层厚沥青漆。

(2) 贴锡箔。

待沥青漆干至不粘手时，将锡箔贴在沥青漆上，要求粘贴平整。

(3) 贴画纸。

将绘好设计图样的打字纸，用浆裱糊在锡箔上。

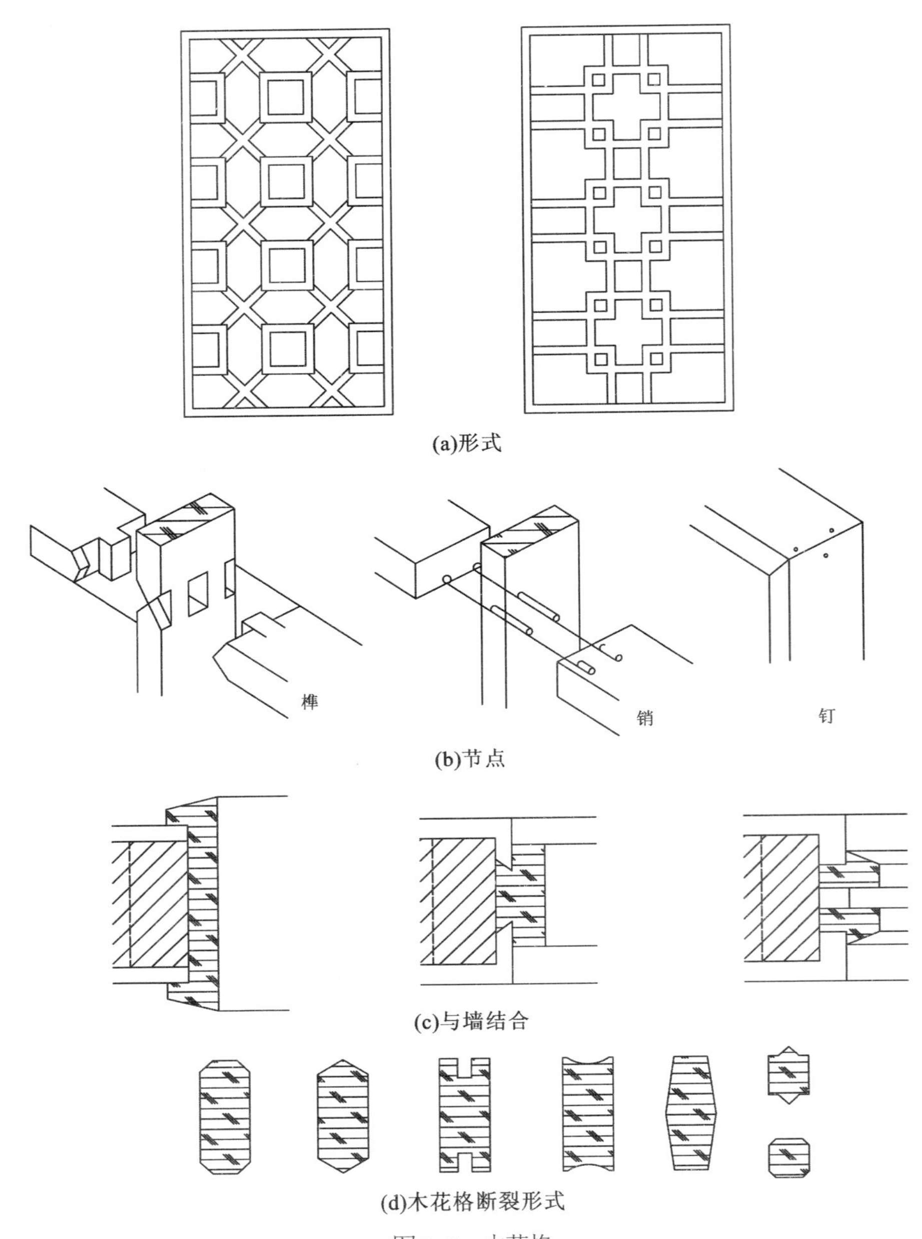

图 5-7　木花格

(4) 刻纹样。

待贴画干透，用刻刀将纹样刻出，并把需要腐蚀部分铲掉，再用汽油或煤油将该处的沥青洗净。

(5) 腐蚀。

用木框封边，涂上石蜡，用 1:5 浓度的氢氟酸倒于需要腐蚀的玻璃表面，按需要深度控制腐蚀时间。

(6) 洗涤。

倒去氢氟酸，用水冲洗数次；把锡箔及漆用小铁铲铲去后，再用汽油拭净，最后用清水冲洗干净。

(7) 磨砂。

根据磨砂方法，将玻璃未腐蚀部分磨砂。

3. 夹花玻璃

夹花玻璃是在两片玻璃中间夹以各种剪纸花样。

小贴士

花格形式丰富多样

花格在形式上可以是整幅的自由花式，更多的是采用既有变化又有规律的几何图案。这些花式或图案可以是整齐的平面式样，也可以组成富有阴影的立体形态。作遮阳用的花格，应根据日照的方位来决定其深度。设计成幅的花式，应既要考虑分块制作的灵活性，又不能影响拼接后的整体效果。几何图案可划分成简单的构件，既方便预制装配，又可组合成变化多端的样式，产生匀称的虚实对比效果。构件应根据材料特性，或成纤巧体态，或成粗犷风格。

第三节 特殊门窗的装饰构造

本节主要介绍几种特殊用途的门窗构造，主要包括隔声门、保温门、防火门、密闭窗和橱窗等。

一、隔声门

隔声门常用于室内噪声允许级较低的房间中，如播音室、录音室等处。隔声的要求是使室内外噪声经过一般围护结构或隔声、吸声设施后，减小至允许噪声级之内。

隔声门的隔声效果与门窗的隔声量、门缝的密闭处理直接有关。门扇构造与门缝处理要相适应；整个隔声门的隔声效果应与安装隔声门的墙体结构的隔声性能互相适应。

门扇隔声量与所用材料有关。原则上门扇越重，其隔声效果越好，但过重则开启不便，且易于损坏。隔声门窗多采用多层复合结构，复合结构不宜层次过多、厚度过大和质量过重。合理利用空腔构造及吸声材料可有效增强门扇的隔声性能。门扇的面层以采用整体板材为宜，因为企口板干缩后会产生缝隙，对隔声性能产生不利影响。图 5-8 是几种复合结构门扇的构造组成与隔声量。

门缝处理要求连接严密，并要注意五金安装处的薄弱环节。门扇可用门框或不用门框直接装于墙边，用扁担铰链（折页）连接。沿墙转角可设方钢，以增强其坚固和密闭程度。门扇与门框或门扇与墙之间也可采用各种不同连接方式连接（图 5-9(a)）。

由于门扇经常开、关，对双扇门中间门梃企口接缝以及下冒头离地间缝隙的密合处理最为重要（图 5-9(b)、图 5-9(c)）。下冒头密合处理的各种方案，务使门扇开闭时能活动、停止时又能保持密合为宜。

由于使用要求以及具体条件的不同，可在同一门框上做两道隔声门，亦可在建筑平面中布置具有吸声处理的隔声间，或利用门斗、门厅及前室作为隔声间。

二、保温门

保温门门扇在构造上应着重解决好避

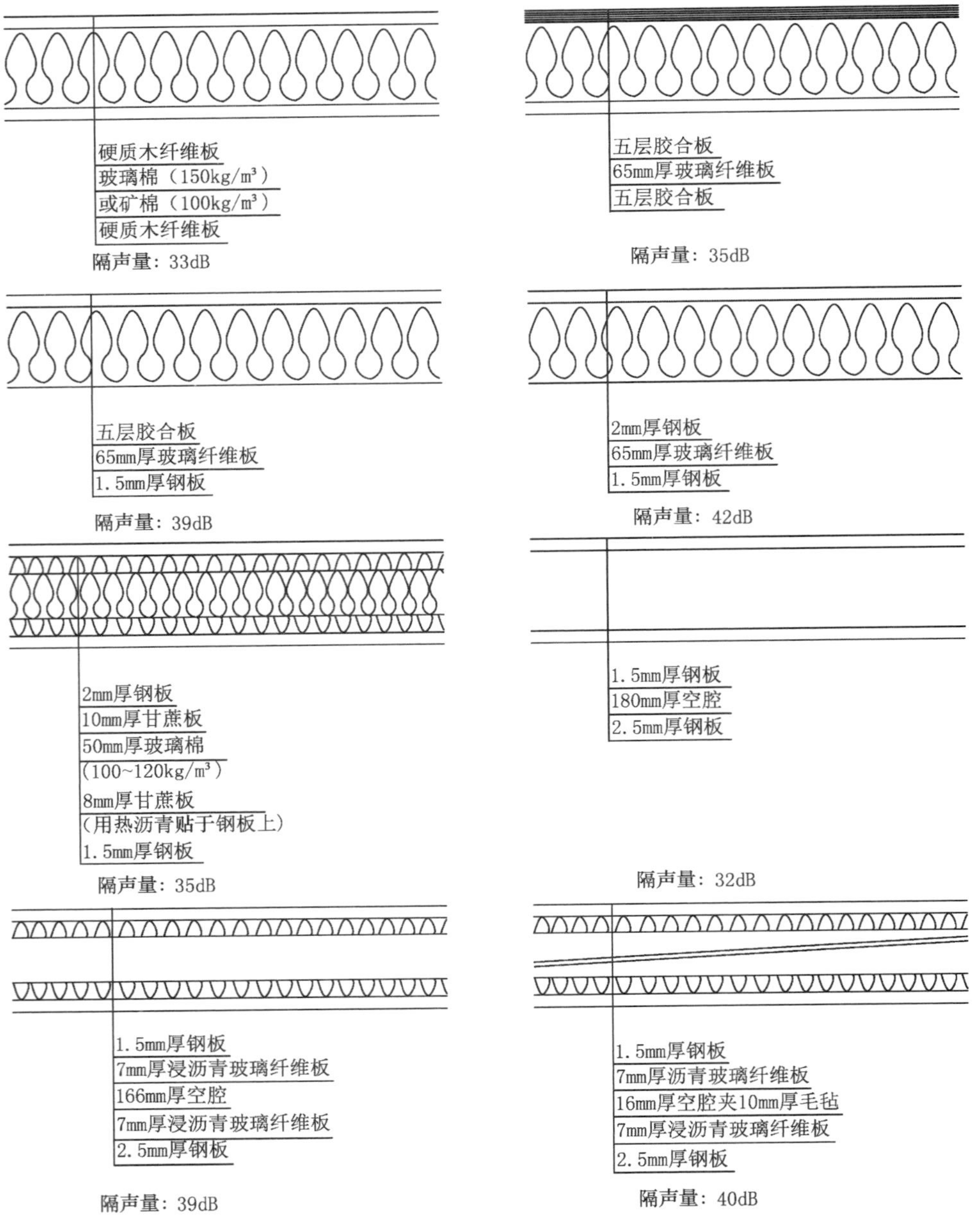

图 5-8　复合结构门扇的构造组成与隔声量

小贴士

门缝应填设密闭材料

门缝有平口、斜口、多层平口、多层斜口等方式，合缝处需填设密闭材料。填料方式应注意密合程度、外露及损坏情况，以便检修。斜口易于压紧，但填料边在转角处易于损坏，平口对填料是否紧密不易了解，也不像斜口那么紧密，以多层斜口密闭式较为理想。

免空气渗透和提高门扇的热阻值的问题。一般采用质轻、疏松多孔的小容重材料，分层叠合，或者在门扇内部采用空腔构造，使扇内空气呈静止状态，以达到保温效果。但是，空气层不宜过大，厚度一般在 20 ~ 30mm 较为有利，最大不得超过 50mm。门扇的具体构造层数及厚度，应根据热工要求，通过计算确定。图 5-10

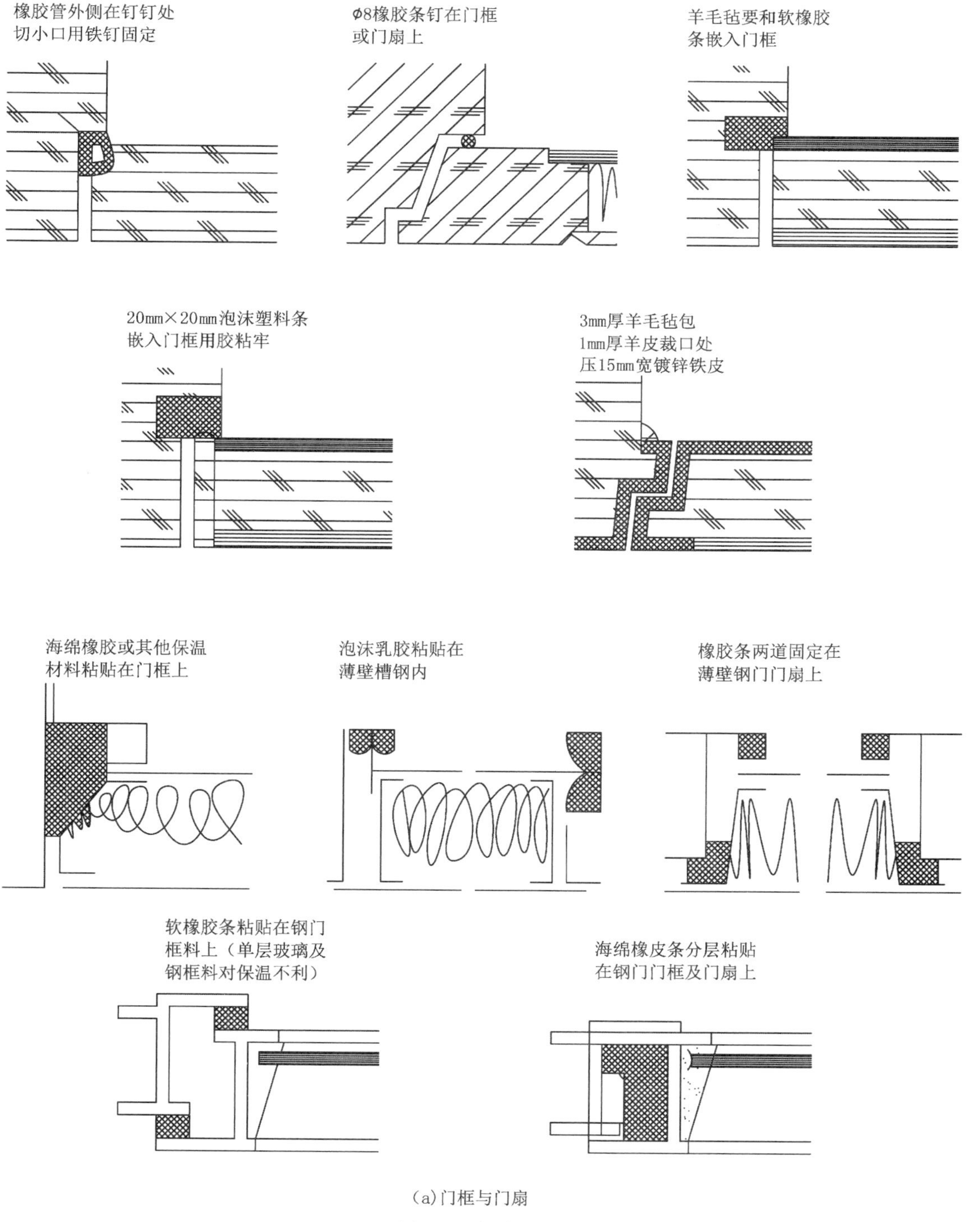

(a)门框与门扇

图 5-9　门缝处理

海绵橡胶粘贴在门扇上，用另一扇上的异性扁钢压紧

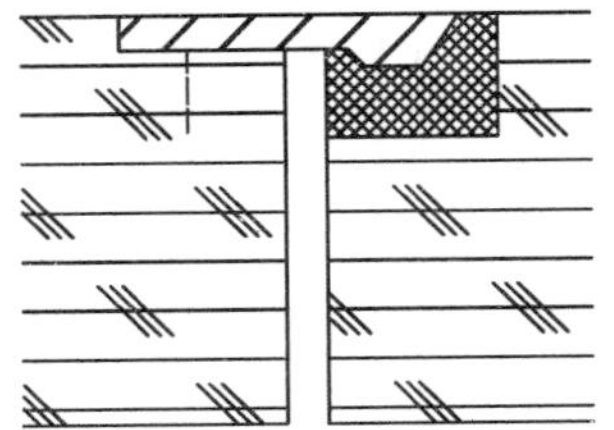

20mm×30mm海绵橡胶条外包化学纤维布，用20mm×2mm钢板在两侧压紧

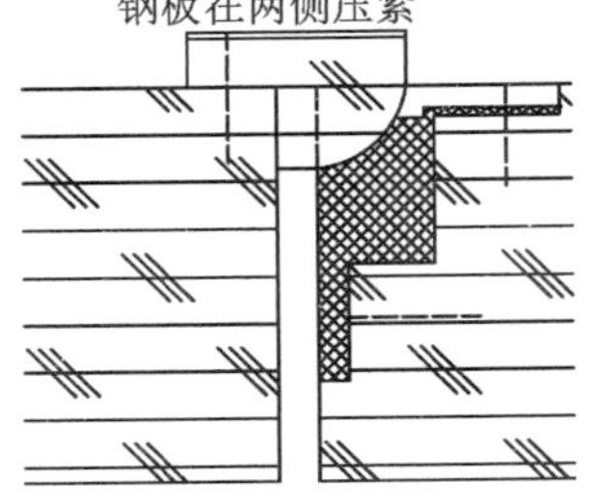

海绵橡胶条固定在门扇上，2mm厚钢板压缝，板面要求平滑

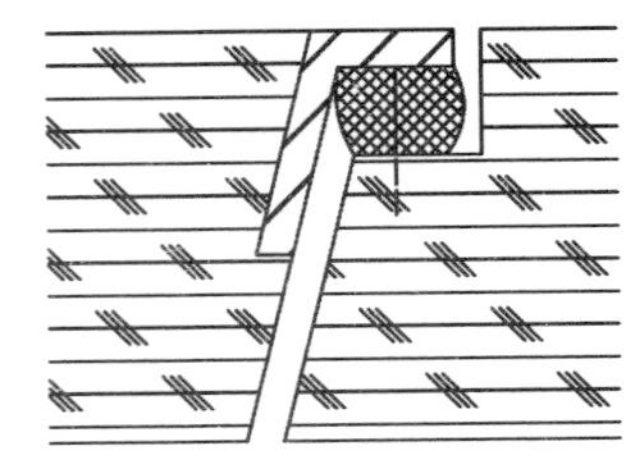

羊皮包毡条用25mm长铁钉钉牢，中距50mm，固定在两个门扇上

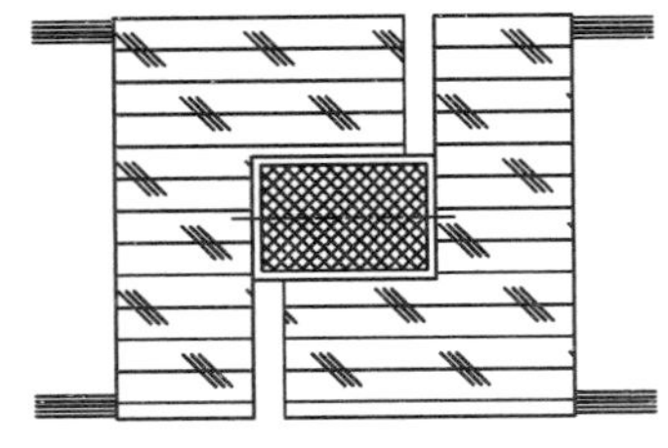

一扇用2mm厚钢板将海绵橡胶压牢，另一扇钉26#镀锌铁皮压牢

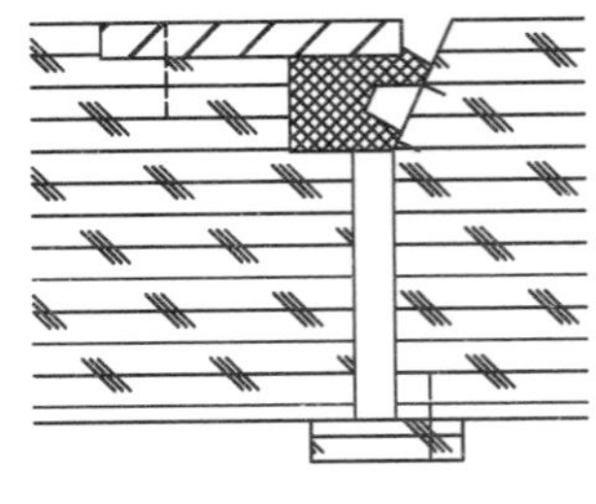

(b)对开门扇

毛毡或海绵橡胶钉于门底

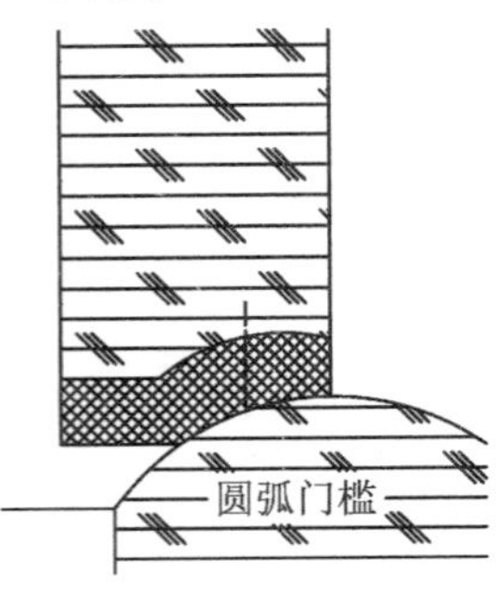

橡胶条或厚帆布用薄钢板压牢

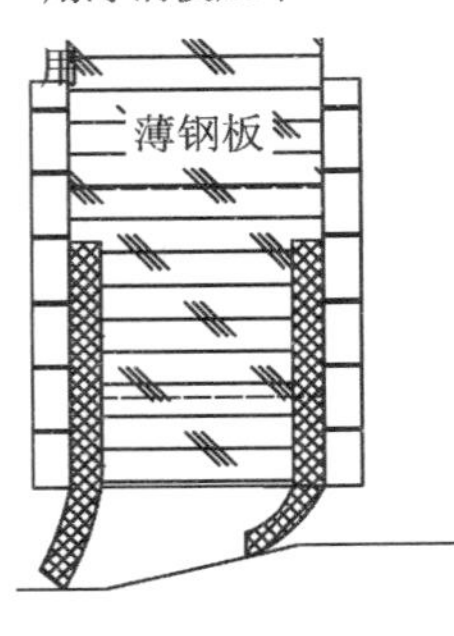

橡胶带用扁钢固定，先固定底部

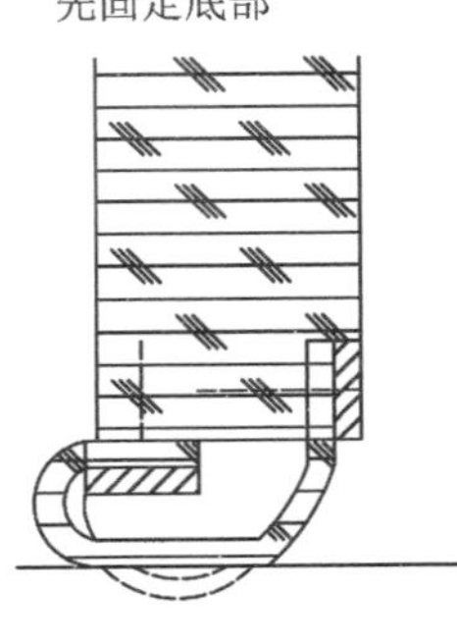

定型橡胶管用木条压牢

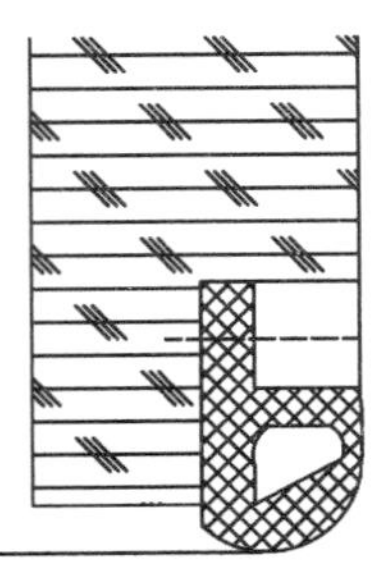

盖缝用普通橡胶，压缝用海绵橡胶

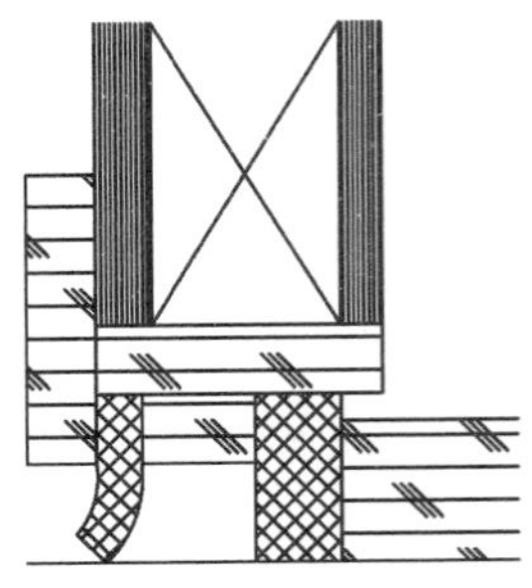

(c)门顶

续图 5-9

所示为几种不同构造的门扇的热阻值。

门窗的缝隙是引起空气渗透，造成巨大热损失和传递噪声的主要途径。通过门窗间隙产生对流所造成的热损失，占建筑物全部热损失的10% ～ 35%。保温门同隔声门一样都必须做密合处理，其构造做法也基本相同。

图5-11所示为人造革面保温门构造。

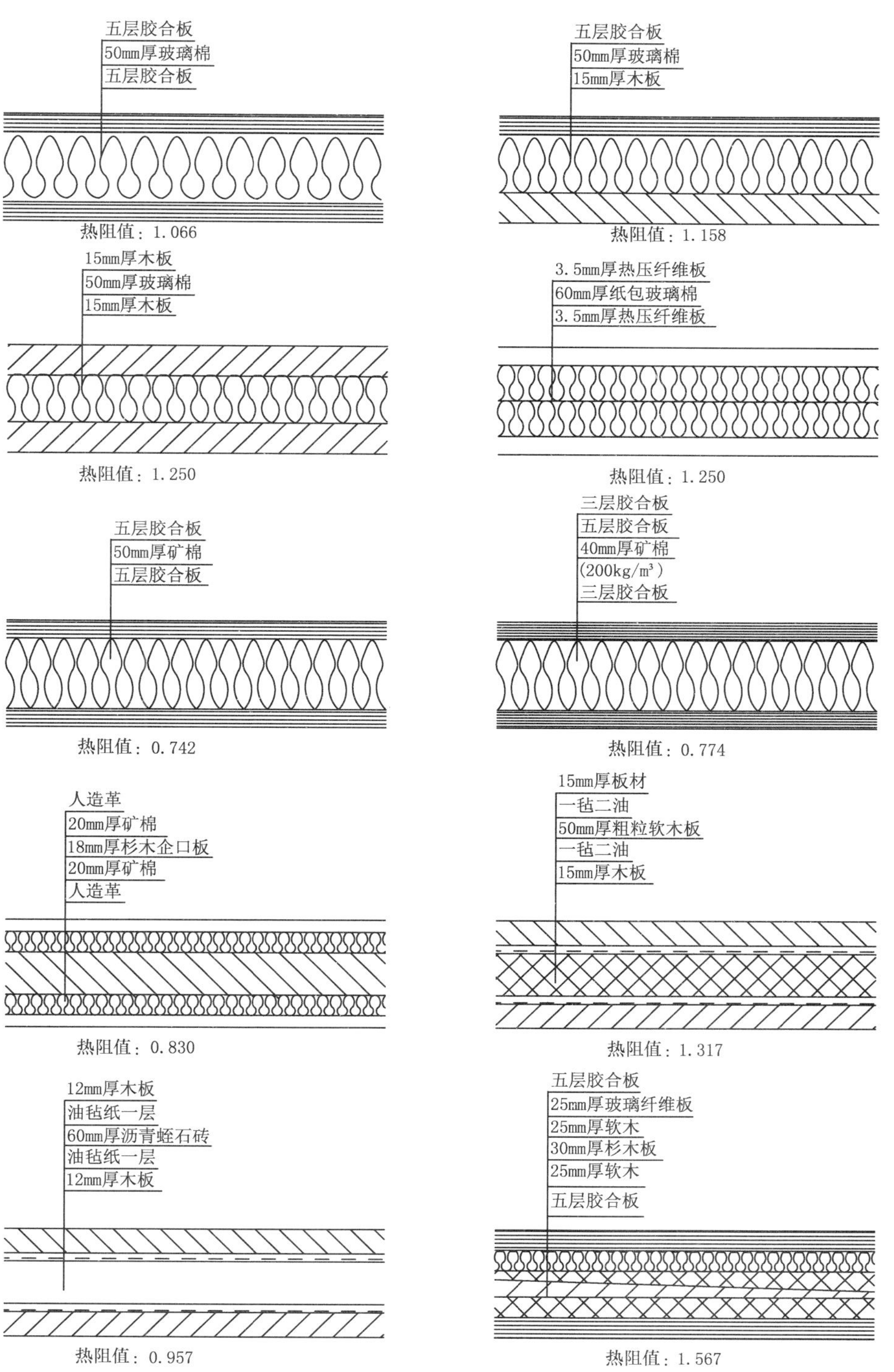

图5-10　几种不同构造的门扇的热阻值

注：① 人造革面用圆头钉钉牢，钉时用橡胶垫在钉帽上，以免损坏钉帽。
② 橡胶条用黑色天然（或氯丁）橡胶制品，肖氏硬度为40±3度，在（70±2）℃经72h，老化系数不小于0.85。

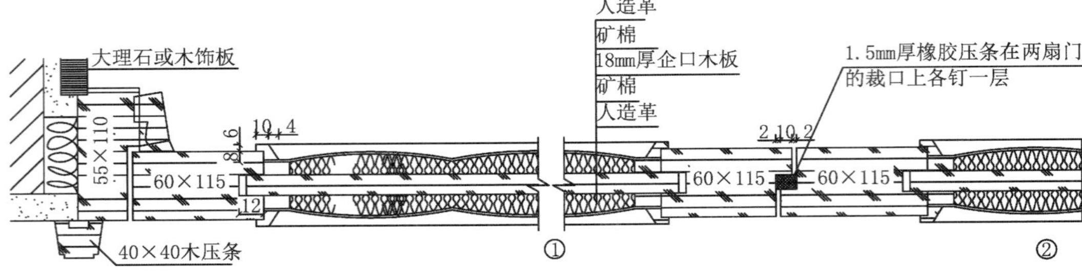

图 5-11　人造革面保温门构造

三、防火门

为了减少火灾在建筑物内的蔓延，不论民用建筑还是工业建筑，都应依据防火规范规定的允许长度和面积而划分成几个区域，并设置防火墙和防火门。不论哪一等级建筑的防火墙，其耐火极限均不得小于 4h，至少相当于 240mm 厚的砖墙。防火门有不同的构造，其耐火极限分为 2.0h、1.5h、0.75h、0.42h 等，分别应用于不同等级的建筑和满足生活、生产、贮藏等方面的需要。

耐火极限 2.0h 的防火门，一般适用于贮存可燃物品的耐火性能较高的建筑物内，如钢筋混凝土结构的库房。耐火极限 1.5h 的防火门，一般适用于贮存可燃物品的耐火性能较低的建筑物内，如砖木结构的库房，以及生产使用可燃物品的耐火性能较高的建筑物内，如钢筋混凝土结构的车间。耐火极限 1.0h 的防火门，一般适用于公共建筑和生产使用可燃物品的耐火性能较低的建筑物内，如砖木结构的车间。总之，建筑等级越高，生产或贮存物品危险越大，则越须用耐火极限较高的防火门。各种防火门的构造及耐火极限如图 5-12 所示。

防火门的构造可分为一般开关式和自动关闭式两种。一般开关式包括平开式、弹簧门式和推拉式等。

自动防火门常悬挂于倾斜的铁轨上，门宽应较门洞每边大至少 100mm，门旁另设平衡锤，用钢缆将门拉开，挂在门空荡一边。钢缆另一端装置易熔性合金片，

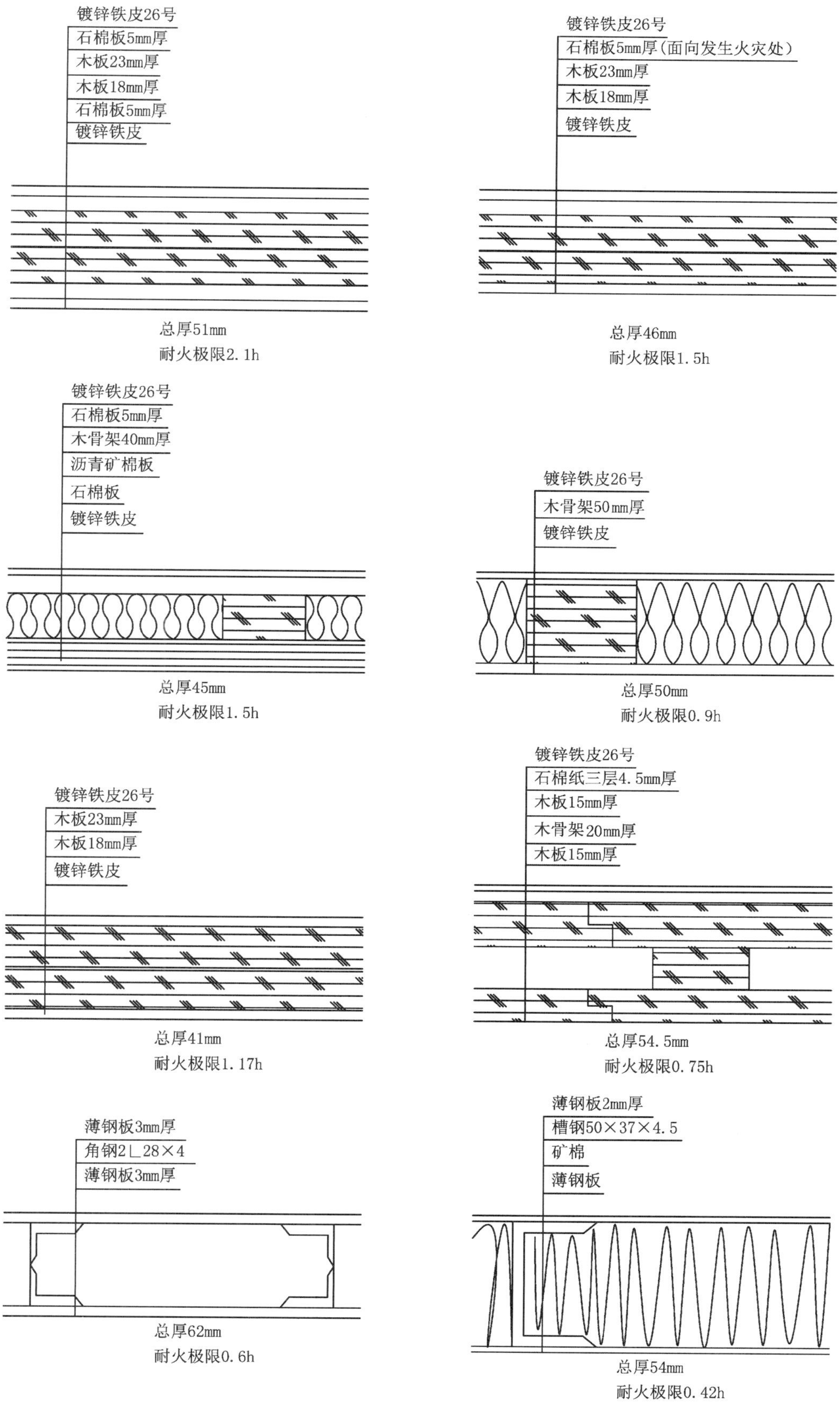

图 5-12　各种防火门的构造及耐火极限

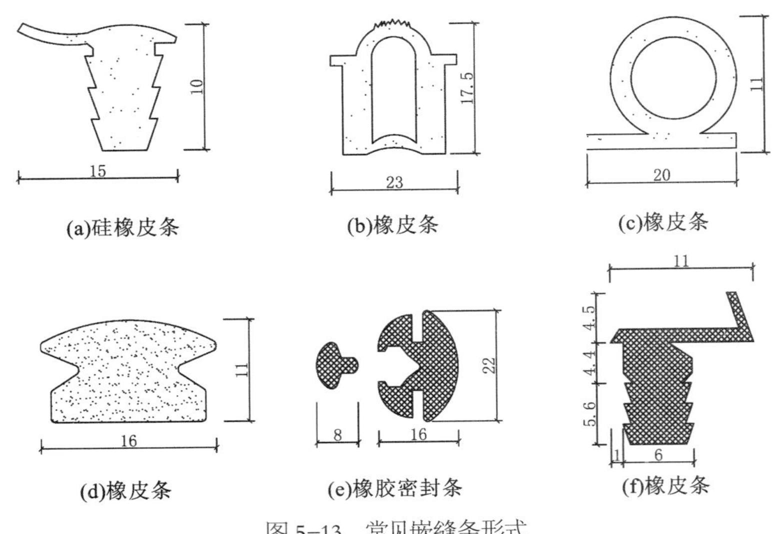

图 5-13　常见嵌缝条形式

以易熔性材料焊接，连于门框边上。

四、密闭窗

密闭窗一般用于有防尘、保温、隔声等要求的房间，由于窗缝是灰尘侵入、噪声传播、热量损失的主要途径之一，在构造上应尽量减少窗缝，包括墙与窗框之间、窗框与玻璃之间的缝隙。同时对缝隙必须采取密闭措施，一般是采用有弹性的垫料嵌填，如毛毡、厚绒布、矿棉、玻璃棉等。常见嵌缝条形式如图 5-13 所示，常用的材料有橡皮、海绵橡皮、氯丁海绵橡皮、硅橡皮、聚氯乙烯塑料、泡沫塑料等。密闭安装因钢、木窗材料和构造的不同而方式各异，大致可分为贴缝式（钢窗居多）、内嵌式和垫缝式三类。

由于单层玻璃窗的保温、隔热、隔声性能均较差，因此，密闭窗大多采取增加窗扇或玻璃层数的做法，做成双层窗或双层、多层中空玻璃，以保证密闭效果。

隔声窗的双层玻璃间距为 80 ~ 100mm。在窗四周应设置吸声材料，或将其中一层玻璃斜置，以防止玻璃间的空气层发生共振现象，保证隔声效果良好。

五、橱窗

橱窗构造设计时，应注意以下几点。

(1) 橱窗的尺度。橱窗的尺度主要是商品陈列面的高度和橱窗深度，必须依据陈列品的性质和品种而定。陈列面高度一般为 300 ~ 800mm，橱窗深度为 600 ~ 2000mm。

(2) 橱窗的防雨和遮阳效果。

(3) 通风、采光问题。

(4) 凝结水问题。

(5) 橱窗的布置。沿街橱窗一般依两柱或砖墩间设置，也有在外廊内设立的。

橱窗框料有木、钢、铝合金、不锈钢、塑料等品种。其尺寸根据橱窗大小和安装玻璃有无墙料而定。用于橱窗的玻璃一般厚 6mm，玻璃间可平接，过高时可用铜或金属夹逐段相连，也可加设中槛（横档）分隔。安装时如果玻璃较大最好采用橡皮、泡沫塑料、毛毡等填条，以免破碎。

橱窗窗框的固定方法，除砖墩可预埋木砖外，其余钢筋混凝土柱或过梁内应逐段预埋铁件，与窗框的铁件焊接；或预埋螺母套管，然后将螺栓穿过套管与窗框旋牢，不得于柱内或梁内预埋任何木块。至于下槛则可用预埋螺栓，但仅限木橱窗。

橱窗的安全和保护问题，最简单的做法是在木框橱窗的上、下槛处设槽，以便装置束板（排列的木板）、轻型排门或折门。

第四节　柜台构造

柜台一般用于商业、服务业，它是服务人员接待顾客、同顾客进行交流的地方。由于使用场合与使用要求的不同，柜台的种类繁多，如商店用的柜台有百货食品柜、小卖货柜、水果土产货柜、冷饮柜、收款柜等；菜场里有为适合出售各类菜品而设立的多样柜台；宾馆里有各类接待服务台和酒吧柜台等。

一、酒吧柜台

酒吧柜台是酒吧的中心，它的布置形式有直线形、转角形、U 形、圆形等（图 5-14）。柜台宽度为 550 ~ 750mm，客人一侧的柜台高度为 1100 ~ 1150mm，服务员一侧的柜台高度为 750 ~ 800mm。

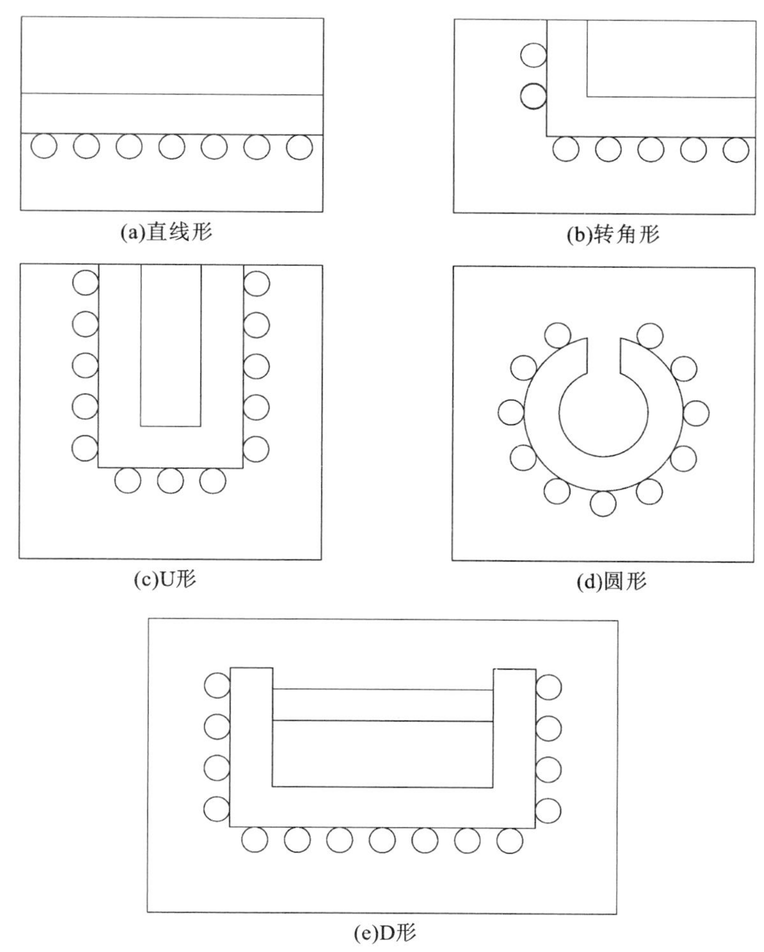

图 5-14　酒吧柜台的形式

二、零售柜台

零售柜台一般兼有商品展览、商品挑选、服务人员与顾客交流等功能，所以柜台常用玻璃作面板，比较通透，骨架可采用木、铝合金、型钢、不锈钢等制作。零售柜台高度一般为 950mm，台面宽度根据经营商品的种类而定，普通百货柜台高度为 600mm 左右。

三、接待服务台

宾馆等的接待服务台主要用于问询交流、接待、登记等，由于兼有书写功能，所以比一般柜台略高，为 1100 ~ 1200mm。接待服务台由于总是处于大堂等显要位置，所以装饰档次也较高，所用的材料及构造做法都须考虑周全。柜台上端的天棚经常局部降低，与柜台及后部背景一起组成厅堂内的视觉中心。

小贴士

多种多样的柜台构造

柜台构造的功能不一，形态各异，构造做法也变化多样。但不管如何，它们都必须符合人体的基本尺度，它们的造型、色彩、质感都必须与室内整体风格协调统一。随着时代的发展，柜台构造也出现越来越多的突破创新，一些大胆新颖的柜台构造随之出现，给人以视觉上的冲击。

第五节 案例分析：窗帘盒安装

一、介绍

窗帘盒是遮挡窗帘滑轨与内部设备的装饰构造。窗帘盒一般有两种形式，一种是房间内有吊顶的，窗帘盒隐蔽在吊顶内，在制作顶部吊顶时就一同完成了；另一种是房间内无吊顶，窗帘盒固定在墙上，或与窗框套成为一个整体。无论哪种形式的窗帘盒，都可以采用木芯板与纸面石膏板制作。

二、构造示意图

窗帘盒的构造如图 5–15 所示。

三、施工流程

1. 安装预埋件

清理墙、顶面基层，放线定位，根据设计造型在墙、顶面上钻孔，安装预埋件。

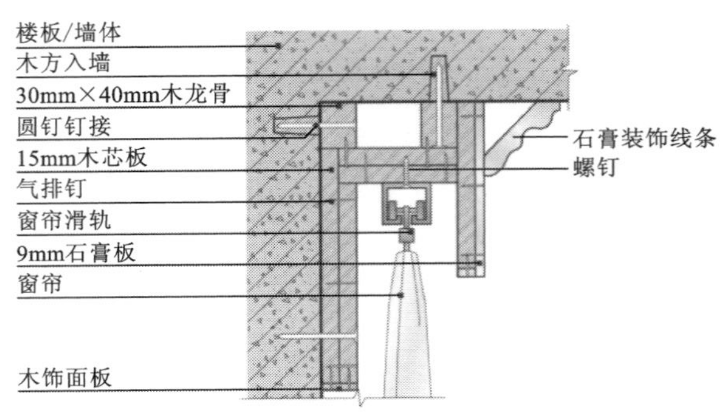

图 5–15　窗帘盒构造

2. 制作和安装窗帘盒

根据设计要求制作木龙骨(图 5–16)或木芯板窗帘盒，并做防火处理，安装到位，调整窗帘盒尺寸、位置、形状。

3. 石膏板封闭

在窗帘盒上钉接饰面板与木线条收边，对钉头做防锈处理，将接缝封闭平整（图 5–17）。

4. 安装和固定窗帘滑轨

安装和固定窗帘滑轨，全面检查并调整（图 5–18、图 5–19）。

四、总结

窗帘滑轨、吊杆等构造不应安装在窗帘盒上，应安装在墙面或顶面上。如果有特殊要求，窗帘盒的基层骨架应预先采用膨胀螺钉安装在墙面或顶面上，保证其安装强度。应注意，窗帘盒要和窗帘的色调、花纹相协调，才能达到美观大方的效果。在注重窗帘盒材料与施工的同时，更应该照顾到视觉上的感受。

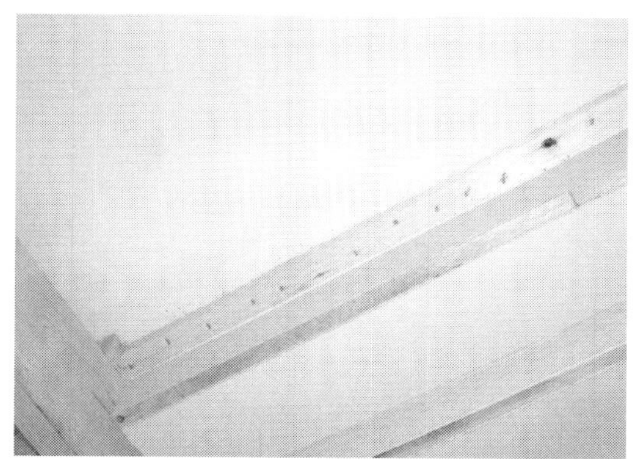
图 5–16　木龙骨基础

图 5–18　窗帘盒成品(一)

图 5–17　石膏板封闭

图 5–19　窗帘盒成品(二)

思考与练习

1. 对隔墙与隔断的要求是什么?

2. 隔墙与隔断有哪些种类?

3. 识读各类隔墙与隔断的构造图。

4. 花格有哪些种类?其形式与特点如何?

5. 识读隔声门、保温门、防火门、密闭室的构造图。

6. 橱窗的构造应注意哪些要求?

7. 橱窗及柜台的构造如何?

参考文献

References

[1] 赵志文．建筑装饰构造 [M]．2 版．北京：北京大学出版社，2016．

[2] 张宗森．建筑装饰构造 [M]．北京：中国建筑工业出版社，2006．

[3] 韩建新，刘广洁．建筑装饰构造 [M]．北京：中国建筑工业出版社，2004．

[4] 贺剑平，贺爱武．室内建筑装饰构造与工艺 [M]．北京：北京理工大学出版社，2016．

[5] 张献梅．建筑装饰构造 [M]．北京：中国电力出版社，2016．

[6] 王萱，王旭光．建筑装饰构造 [M]．2 版．北京：化学工业出版社，2012．